사진으로 쉽게 알아보는
한국의 야생화 도감

사진으로 쉽게 알아보는 **한국의 야생화 도감**

초판 1쇄 인쇄	2021년 4월 30일
초판 2쇄 발행	2024년 4월 01일

펴낸이	윤정섭
엮은이	자연과 함께하는 사람들
편낸곳	도서출판 윤미디어
주소	서울시 중랑구 중랑역로 224(묵동)
전화	02)972-1474
팩스	02)979-7605
등록번호	제5-383호(1993. 9. 21)
전자우편	yunmedia93@naver.com

ISBN 978-89-6409-105-0(13480)
© 자연과 함께하는 사람들

사진으로 쉽게 알아보는

한국의 야생화 도감

엮은이_ 자연과 함께하는 사람들

♣ The Field Flowers of Korea ─ 우리 산과 들에 숨쉬고 있는 보물

도서출판 윤미디어
YUN MEDIA PUBLISHING.CO.

한국의 야생화

봄에 피는 야생화

여름에 피는 야생화

머리말

야생화(野生花)는 산이나 들에서 절로 나고 자라는 꽃들이다.

국화, 장미, 튤립, 백합…… 우리 주변의 꽃들은 원래 야생화였다. 옛날에는 모두 산과 들에 피어나는 한 송이 야생화였던 것이다. 어찌 보면 꽃은 자연이 빚어낸 가장 아름다운 예술작품일 것이다. 그래서일까? 꽃을 보면 누구나 갖고 싶은 마음이 드는 것은…….

꽃을 보면 사랑하는 마음이 들고, 사랑하는 꽃을 더 아름답게 꾸미고, 더 내 마음에 들게 바꾸고 싶은 욕망은 어느 시대에나 마찬가지였으리라. 그 마음이 꽃을 개량시켜왔고, 지금도 끊임없이 꽃을 개량하고 있다. 그래서 현재는 산과 들보다도 화원에 더 많은 종류의 꽃이 있게 된 것이다.

하지만 아직까지 들로 나가면 이름 없는 꽃들이 수없이 많다.

언제라도 가까운 산이나 들로 나가보라. 하다못해 도시의 한가운데로 흐르는 강둑이라도 따라 걸어가 보라. 그곳에서 아름다운 야생화가 당신을 기다릴 것이다. 그러나 행여 그 꽃을 꺾지는 말라. 야생화는 자연 그대로 있을 때에만 아름다운 것이지, 사람의 손에 잡히는 순간부터는 본질적인 아름다움을 상실하고 마는 것이다.

사랑스러운 작은 들꽃아!
사랑은 영원히 갖고 싶어진단다
사랑은 혼자만이 갖고 싶어진단다

그러나 사랑스러운 들꽃아!
사랑은 사랑함으로써 행복해야 한단다
사랑은 사랑받음으로써 행복해야 한단다
아! 사랑은 사랑으로 행복해야 한단다
　　　　　　　　—조병화 시인의 <작은 들꽃> 중에서

자연과 함께하는 사람들

우리나라 산과 들에서

봄에
피는
야생화

복수초福壽草

반짝반짝 빛나는 노란색 꽃이 이른 봄날 산에서 활짝 핀다. 꽃이 황금색 잔처럼 생겼다고 측금잔화라고도 부르고, 설날에 핀다고 원일초, 눈 속에 피는 연꽃 같다고 설연화, 쌓인 눈을 뚫고 나와 꽃이 피면 그 주위가 동그랗게 녹아 구멍이 난다고 눈색이꽃, 얼음새꽃이라고도 부른다. 꽃은 햇볕을 받으면 피고, 햇볕이 없어지면 진다. 현재는 원예로 많이 개발되어 50여 종의 품종이 탄생했다.

❶학명_Adonis amurensis
❷분류군_미나리아재비과
❸자생지_산지의 양지
❹분포_전국
❺개화시기_2~3월
❻꽃색_황색
❼꽃크기_3~5cm
❽전초외양_직립형
❾전초높이_10~30cm
❿원산지_한국
⓫생태_다년초

변산바람꽃

아직 추위가 남아 있는 이른 봄에 꽃이 피고, 석회질 토양에서 자란다. 꽃잎으로 보이는 흰색 부분은 꽃받침이며, 일견 꽃가루로 보이는 황색 또는 녹색 부분은 퇴화한 화변에 해당하며 밀선이라고 할 수 있다. 중심에 있는 보라색 부분은 여러 개의 수

술이며, 암술은 1~5개이다. 꽃은 볕을 받아 온도가 올라갈 때 피며, 어두워지면 닫힌다.

❶학명_Eranthis byunsanensis
❷분류군_미나리아재비과
❸자생지_석회암이 깔린 숲
❹분포_전북 부안, 지리산 등
❺개화시기_3~4월
❻꽃색_백색
❼꽃크기_2~3cm
❽전초외양_직립형
❾전초높이_10~25cm
❿원산지_한국(특산식물)
⓫생태_다년초

꿩의바람꽃

하얀 꽃이 줄기 끝에 한 송이 나며, 이른 봄 숲 그늘에 핀다. 육질의 굵은 뿌리줄기가 있으며, 2회 3출엽의 장타원형 잎이 달린다. 끝이 둔하고 윗부분에 둔한 톱니가 성글게 있다. 4~5월에 2~3cm의 꽃줄기 끝에 1개의 꽃이 달린다. 화변은 없으며, 꽃받침이 꽃잎 상태가 되는 것은 꿩의바람꽃 계열 꽃들의 공통된 특징이다. 꽃은 볕을 받으면 피고, 구름이 끼거나 비가 내리거나 석양이 지면 꽃이 닫힌다.

❶학명_Anemone raddeana
❷분류군_미나리아재비과
❸자생지_산지의 숲, 풀밭
❹분포_중부 이북
❺개화시기_3~4월
❻꽃색_백색, 분홍색
❼꽃크기_3~4cm
❽전초외양_직립형
❾전초높이_10~20cm
❿원산지_한국
⓫생태_다년초

국화바람꽃

눈이 쌓이는 곳에서는 눈이 녹기 시작하는 경사면 등에서 애처롭게 피어난다. 국화꽃과 비슷하다. 꿩의바람꽃과 닮았지만 강원도 이북에만 분포한다. 꽃 색깔은 진한 보라색부터 연한 보라색까지, 또는 분홍색에

가깝거나 흰색까지 다양하다. 작은 잎은 깃털 모양으로 깊게 찢어져 있다. 줄기는 자갈색이다.

❶학명_Anemone pseudoaltaica
❷분류군_미나리아재비과
❸자생지_산지의 숲, 풀밭
❹분포_강원도 이북
❺개화시기_3~5월
❻꽃색_백색, 보라색 등
❼꽃크기_2.5~4cm
❽전초외양_직립형
❾전초높이_10~20cm
❿원산지_한국
⓫생태_다년초

남방바람꽃 _한라바람꽃

흰색 또는 옅은 분홍색 꽃을 피우며, 숲의
바닥이나 물가 주변에서 군생한다. 꽃은 하
나의 줄기 사이에서 두 개의 긴 꽃자루가

나와 하늘을 보고
피는데, 햇볕을 받
으면 피어나고, 이
른 아침이나 저녁에
는 닫힌다. 꽃잎은
없으며, 꽃받침조각
이 5~7개이다.

❶학명_Anemone flaccida
❷분류군_미나리아재비과
❸자생지_산야의 습윤한 곳
❹분포_경남, 전남, 제주
❺개화시기_3~5월
❻꽃색_백색, 분홍색
❼꽃크기_약 2cm
❽전초외양_직립형
❾전초높이_15~25cm
❿원산지_한국
⓫생태_다년초

외대바람꽃

봄에 숲의 바닥이나 풀밭 등지에 하얀 꽃
을 피운다. 남방바람꽃보다 큰 꽃이 한 줄
기에 한 송이만 피며, 꽃잎처럼 보이는 꽃
받침의 수가 적다. 꽃잎이 없고 꽃받침이

꽃잎 모양인데, 안쪽은
희고, 바깥쪽은 담홍자
색을 띤다. 수술과 암술
이 여러 개이며, 꽃밥은
황백색이다. 잎은 잘게
찢어져 있다.

❶학명_Anemone nikoensis
❷분류군_미나리아재비과
❸자생지_산과 들의 수풀
❹분포_중부지방
❺개화시기_4~5월
❻꽃색_백색
❼꽃크기_약 4cm
❽전초외양_직립형
❾전초높이_20~30cm
❿원산지_한국
⓫생태_다년초

괭이눈

산의 습기가 있는 곳에 황록색 포엽(苞葉: 하나의 꽃 또는 꽃차례를 안고 있는 소형의 잎)이 나며, 마치 꽃처럼 활짝 펴서 자란다. 괭이눈이라는 이름은, 갈라져 열린 열매의 모양이 감고 있는 고양이 눈의 동공과 비슷하다고 하여 붙여진 것이다. 괭이눈과 꽃은 이 밖에도 십여 종이 있다. 꽃은 꽃잎이 없으며, 작은 꽃받침 열편 4장이 꽃줄기 끝에 밀집하여 핀다. 꽃처럼 보이는 것은 노란색 포엽이다.

❶학명_Chrysosplenium grayanum
❷분류군_범의귀과
❸자생지_습윤한 산지
❹분포_전국
❺개화시기_4~5월
❻꽃색_담황색
❼꽃크기_1~2mm
❽전초외양_포복형
❾전초높이_5~20cm
❿원산지_한국
⓫생태_다년초

솜나물

산과 들의 풀밭에서 자라며, 봄과 가을에 두 번 꽃이 피는 다년생 초본이다. 봄에는 뒷면에 붉은빛이 도는 흰색의 작은 설상화를 피우고, 가을에는 닫힌꽃 상태로 피며, 꽃이 크고 선형의 포엽이 드문드문 난다. 잎은 뿌리에서 나오는데, 봄에는 작은 난형으로 솜털이 덮인다. 가을에 나는 잎은 커다란데, 가장자리에 불규칙한 톱니가 있다. 여름에서 가을에 걸쳐 꽃줄기가 높이 자라며, 가을에는 봄보다 훨씬 높은 위치에 꽃을 맺는다.

❶학명_Leibnitzia anandria Turcz.
❷분류군_국화과
❸자생지_산야의 숲
❹분포_전국
❺개화시기_4월, 9월
❻꽃색_흰색(뒷면은 보라색)
❼꽃크기_1~2cm
❽전초외양_직립형
❾전초높이_10~20cm
❿원산지_한국
⓫생태_다년초

머위

이른 봄, 지면에서 얼굴을 내미는 작은 머윗대는 머위의 어린 꽃줄기로, 담회색 포에 감싸여 있다. 따뜻해짐에 따라 포가 열리며, 반구 형태의 꽃이 얼굴을 내민다. 꽃을 먹을 수 있는 건 이때까지이며, 이후부터 꽃줄기는 점점 자라고, 땅속줄기에서 잎도 나온다. 새싹과 잎의 꽃자루도 먹을 수 있다. 꽃의 색깔은 암그루는 흰색 계열이며, 수그루는 황백색이다. 꽃이 지고 난 초여름부터 여름에는 큰 잎만 무성해진다.

① 학명_Petasites japonicus
② 분류군_국화과
③ 자생지_산야의 개울가
④ 분포_중부 이남
⑤ 개화시기_4~5월
⑥ 꽃색_흰색, 황백색
⑦ 꽃크기_약 8mm(두상화)
⑧ 전초외양_직립형
⑨ 전초높이_40~50cm
⑩ 원산지_한국
⑪ 생태_다년초

선갈퀴

흰색 작은 꽃과 줄기에 돌려나는 잎이 특징이다. 녹색 잎 끝에 흰색 꽃이 화사하게 피어난다. 마르면 전체에서 독특한 향이 난다. 유럽에서는 허브로서 와인의 향을 내거나 방충제 등으로 사용한다. 학명인 아스페룰라(Asperula)는 '거칠다'라는 뜻으로, 잎이 꺼칠꺼칠한 데서 유래했다.

❶학명_Asperula odorata L.
❷분류군_꼭두서니과
❸자생지_산지의 그늘진 곳
❹분포_울릉도, 중부 이북
❺개화시기_5~6월
❻꽃색_흰색
❼꽃크기_4~5mm
❽전초외양_직립형
❾전초높이_20~30cm
❿원산지_한국
⓫생태_다년초

미치광이풀

꽃은 흙바닥과 비슷한 색깔이기 때문에 눈에 잘 띄지 않는다. 맹독성 식물로 알려져 있다. 풀 전체에 알칼로이드의 스코폴린이 함유되어 있다. 때문에 섭취할 경우 환각증상을 일으키고, 고통을 느끼며 미친 듯이 뛰어다닌다고 한다. 그래서 이런 이름이 붙었다. 꽃에는 2~3cm의 꽃자루가 난다. 꽃색은 바깥쪽은 어두운 보라색, 안쪽은 황록색이며, 대개 밑을 보며 핀다. 꽃이 진 다음에 잎과 줄기가 크게 성장한다.

❶학명_Scopolia japonica
❷분류군_가지과
❸자생지_산골짜기 그늘진 곳
❹분포_충청도 이북
❺개화시기_4~5월
❻꽃색_보라색, 황록색(안쪽)
❼꽃크기_2~3cm
❽전초외양_직립형
❾전초높이_30~60cm
❿원산지_한국
⓫생태_다년초

광대수염

꽃은 가지 윗부분의 잎겨드랑이에 여러 단에 걸쳐 줄기를 빙 둘러싸고 피며, 밑에서부터 순서대로 개화하며 올라간다. 꽃 색깔은 개체마다 차이가 나며, 흰색에서 분홍색에 가까운 것까지 다양하다. 줄기는 사각형이고, 뿌리에서부터 쭉 뻗어서 자라고, 대체로 군생한다. 마디 부분에 긴 털이 난다.

❶학명_Lamium album var.
❷분류군_꿀풀과
❸자생지_산야의 풀밭
❹분포_전국
❺개화시기_4~6월
❻꽃색_흰색~담홍자색
❼꽃크기_2.5~3cm
❽전초외양_직립형
❾전초높이_30~50cm
❿원산지_한국
⓫생태_다년초

벌깨덩굴

보라색의 큰 꽃들이 5월경에 피는데, 줄기 윗부분에 한쪽을 향해 4~7개 정도 달린다. 산지의 그늘진 곳에서 자란다. 향기가 나며, 줄기는 사각이고 5쌍 정도의 잎이 달린다. 길고 흰 털이 드문드문 나고, 꽃이 진 다음 옆으로 덩굴이 자라면서 마디에서 뿌리가 내려 다음해의 꽃줄기가 된다.

❶학명_Meehania urticifolia
❷분류군_꿀풀과
❸자생지_산지의 그늘진 곳
❹분포_전국
❺개화시기_4~6월
❻꽃색_보라색
❼꽃크기_4~5cm
❽전초외양_직립형
❾전초높이_15~30cm
❿원산지_한국
⓫생태_다년초

노루귀

아직 잎이 나오기 전에 지름 약 1.5cm 정도의 작은 꽃이 백색 또는 분홍색으로 피어난다. 낙엽수림과 얕은 물가 근처 등에서 자란다. 잎은 길이 5cm 정도로 모두 뿌리에서 돋고, 긴 엽병이 있어 사방으로 퍼지며, 심장형이다. 또한 가장자리가 3개로 갈라지며 밋밋하다. 중앙열편은 삼각형이며 양쪽 열편과 더불어 끝이 뾰족하고, 이른 봄에 잎이 나올 때는 말려서 나오며, 뒷면에 털이 돋은 모습이 마치 노루의 귀와 같다.

❶학명_Hepatica asiatica Nakai
❷분류군_미나리아재비과
❸자생지_낙엽수림 아래
❹분포_전국
❺개화시기_3~4월
❻꽃색_백색, 분홍색 등
❼꽃크기_1~1.5cm
❽전초외양_직립형
❾전초높이_5~10cm
❿원산지_한국
⓫생태_다년초

깽깽이풀

높이 25cm 정도이고 원줄기가 없다. 잎은 원심모양으로 긴 잎자루 끝에 달리는데, 가장자리가 물결모양이며 끝이 오목하게 들

어 있다. 전체가 딱딱하고 물에 젖지 않는다. 꽃은 붉은색을 띤 자주색으로 4~5월에 피고, 꽃줄기의 끝부분에 1개씩 달리며 잎보다 먼저 나온다.

①학명_Jeffersonia dubia
②분류군_미나리아재비과
③자생지_산지의 숲
④분포_전국
⑤개화시기_3~5월
⑥꽃색_자주색
⑦꽃크기_약 2cm
⑧전초외양_직립형
⑨전초높이_20~30cm
⑩원산지_한국, 만주 등
⑪생태_다년초

할미꽃

풀 전체에 흰털이 밀생하며, 종 모양의 가냘픈 꽃이 아래를 보고 난다. 꽃이 진 다음에 나는, 깃털 모양의 열매가 할머니의 하얀 머릿결 같다 하여 할미꽃이라고 한다. 종 모양의 꽃은 꽃받침이며, 바깥쪽은 털에 감싸여 있다. 꽃잎은 없으며, 수술과 암술이 많다. 수분(受粉)이 되고 나면 꽃은 위를 보며, 꽃대가 뻗어나가면서 처음에는 실 모양이었다가 서서히 깃털처럼 변하면서 날아간다.

❶학명_Pulsatilla koreana
❷분류군_미나리아재비과
❸자생지_산과 들의 풀밭
❹분포_전국(제주도 제외)
❺개화시기_4~5월
❻꽃색_암적자색
❼꽃크기_약 3cm
❽전초외양_직립형
❾전초높이_30~40cm
❿원산지_한국
⓫생태_다년초

큰꽃으아리

백색의 꽃이 가지 끝에 1개씩 아름답게
달린다. 하지만 실제로는 꽃잎이 없고, 꽃
잎처럼 보이는 꽃받침조각이 6~8개가 있
다. 하얀 부분은 꽃받침이고, 가운데 보라
색 부분은 많은 수의 수술 꽃밥이다. 우리
나라 전국 각처의 숲속이나 산기슭의 가
장자리 양지바른 곳에서 흔하게 자란다.
내한성이 강하고, 바닷가나 도심지에서도
비교적 잘 자란다. 한국 원산으로 중국,
만주 등지에 분포한다.

❶학명_Pulsatilla koreana
❷분류군_미나리아재비과
❸자생지_산지의 숲
❹분포_전국
❺개화시기_5~6월
❻꽃색_백색
❼꽃크기_10~15cm
❽전초외양_직립형(덩굴성)
❾전초높이_2~4m
❿원산지_한국
⓫생태_다년초

백작약 _산작약

산의 수풀 속에 조용히 하얀 꽃을 피운다. 다수의 노란색 수술과 붉은색 암술대를 지닌 암술 2~4개가 반쯤 열린 꽃잎 사이로 드러난 모습이 아름답다. 작약은 먼 옛날 중국에서 약재로 건너왔다. 현재 많은 원예종이 나와 있지만 야생종은 '백작약(산작약)'과 '적작약 2종이다. 꽃은 한 겹이며, 한 번에 활짝 피지 않는다. 열매는 가을에 익고, 둥근 공 모양의 검은색 씨와 익지 않는 붉은 종자가 많이 열린다.

❶학명_Paeonia japonica
❷분류군_작약과
❸자생지_산지의 밝은 숲
❹분포_전국
❺개화시기_4~6월
❻꽃색_백색
❼꽃크기_4~5cm
❽전초외양_직립형
❾전초높이_40~50cm
❿원산지_한국
⓫생태_다년초

적작약

꽃은 5~6월에 피고, 백색 또는 적색이며, 원줄기 끝에 큰 꽃이 1송이씩 달린다. 일반적으로 작약이라고 하면 이 적작약을 말한다. 꽃을 받치고 있는 잎은 5개로서 가장자리가 밋밋하며 녹색이고, 끝까지 남아 있다. 꽃잎은 10개 정도로서 도란형이고, 수술은 많으며 황색이다.

❶학명_Paeonia lactiflora Pall.
❷분류군_작약과
❸자생지_산지의 밝은 숲
❹분포_전국
❺개화시기_5~6월
❻꽃색_적색, 백색 등
❼꽃크기_6~10cm
❽전초외양_직립형
❾전초높이_50~80cm
❿원산지_중국
⓫생태_다년초

개별꽃

하얀 꽃에 보이는 수술의 보라색 꽃밥이
앙증맞다. 산속 숲 그늘에서 자라며, 꽃은
가지 윗부분 잎
겨드랑이에서 나온
꽃자루 끝에 핀
다. 꽃잎은 5장이
며, 위를 보고 핀
다. 꽃잎에 난, 파
도 모양의 주름이
무늬처럼 보인다.

❶학명_Pseudostellaria heterantha
❷분류군_석죽과
❸자생지_신갈나무 군락지
❹분포_전국
❺개화시기_4~6월
❻꽃색_백색
❼꽃크기_약 1.5cm
❽전초외양_직립형
❾전초높이_8~12cm
❿원산지_한국, 일본
⓫생태_다년초

풀거북꼬리

끈 모양의 가는 꽃이 무리지어 핀다. 줄기
와 잎의 꽃자루는 적갈색이다. 낮은 산에
서 볕이 좋은 길가에서 자란다. 자웅동주
이며, 줄기 윗부분의 잎겨드랑이에서 암꽃
차례가 나오고, 아랫부분의 잎겨드랑이에

서는 수꽃차례가
나온다. 암꽃은 붉
은색을 띠며, 수꽃
은 황백색이고 꽃
가루를 흩뿌린다.

❶학명_Boehmeria tricuspis
❷분류군_쐐기풀과
❸자생지_양지바른 숲
❹분포_중부 이북
❺개화시기_5~7월
❻꽃색_적백색, 황백색
❼꽃크기_30~50cm
❽전초외양_직립형
❾전초높이_약 1m
❿원산지_한국, 일본
⓫생태_다년초

홀아비꽃대

수풀의 응달진 곳에서 하얗고 작은 꽃이
피며, 이름과 제법 어울린다. 꽃보다 잎이
더 크고, 꽃잎은 없으며, 수술은 자방을 감
싸고 있다. 꽃봉오리가 4장의 잎에 감싸여
있으며, 꽃이 피면 잎도 옆으로 열린다. 잎

은 가까이서 마
주나기 때문에
돌려나는 것처럼
보인다. 줄기는
똑바로 서 있다.

❶학명_Chloranthus japonicus
❷분류군_홀아비꽃대과
❸자생지_응달진 수풀
❹분포_전국
❺개화시기_4~5월
❻꽃색_백색
❼꽃크기_4~5mm
❽전초외양_직립형
❾전초높이_20~30cm
❿원산지_한국
⓫생태_다년초

털복주머니란

동그랗게 부푼 입술 같은 형태가 특징인 난이다. 야생으로 자라는 꽃이 줄어들어 멸종위기에 있다. 꽃은 1장의 입술 모양과 2장의 측변, 그리고 3장의 꽃받침이 기본적인 구성이다. 측면의  꽃받침 2장은 합착해 있다. 꽃잎은 타원형이며, 전체적인 모양이 주머니 같고 안쪽에 털이 있다.

❶학명_Cypripedium guttatum var.

❷분류군_난초과

❸자생지_산지의 초원

❹분포_강원도

❺개화시기_5~6월

❻꽃색_백색, 황색, 자주색

❼꽃크기_3~5cm

❽전초외양_직립형

❾전초높이_20~40cm

❿원산지_한국

⓫생태_다년초

광릉요강꽃

꽃은 원줄기 끝에서 1개가 밑을 향해 달리며, 지름 8cm 정도로서 연한 녹색이 도는 적색이다. 꽃이 달리는 줄기는 길이 15cm 정도로서 털이 많으며, 윗부분에 잎 같은 포가 1개 달린다. 꽃의 안쪽 밑 부분에 털이 있으며, 꽃의 전체 모양은 주머니 같고 백색 바탕에 홍자색의 맥이 있다. 부채모양의 큰 잎은 2장이 매우 가까이서 쌍생한다. 잎에서 윗부분은 줄기가 아니라 꽃줄기이다.

❶학명_Cypripedium japonicum
❷분류군_난초과
❸자생지_산지, 구릉의 수풀
❹분포_경기 북쪽지역
❺개화시기_4~5월
❻꽃색_백색 바탕에 홍자색
❼꽃크기_약 8cm
❽전초외양_직립형
❾전초높이_20~40cm
❿원산지_한국, 중국, 일본
⓫생태_다년초

큰방울새란

작은 꽃이 원줄기 끝에 1개가 달린다. 볕이 잘 들고 습기가 많은 초원에서 자란다. 꽃은 옆을 보고 피는데, 습지에서는 주변의 풀이 무성해서 그 안에 묻혀 있는 것처럼  보인다. 잎이 1장인 단엽성 난이며, 줄기 중간에 거의 직립으로 서 있다. 줄기 끝에는 엽상의 포가 1장 있다.

❶학명_Pogonia japonica Rchb.
❷분류군_난초과
❸자생지_양지바른 습지
❹분포_경기도, 경상도, 제주도
❺개화시기_5~6월
❻꽃색_담홍색
❼꽃크기_2~2.5cm
❽전초외양_직립형
❾전초높이_15~30cm
❿원산지_한국
⓫생태_다년초

금난초

봄날, 잡목림 등의 응달에서 똑바로 쭉 뻗은 줄기 끝에 노란색 꽃이 핀다. 다른 풀들이 자라기도 전에 높이 자라 아름다운 꽃을 피우는데, 독특한 품격이 느껴진다. '금난초(金蘭草)'라는 이름은 꽃의 노란색을 금색으로 비유한 것이다. 꽃은 밥그릇 모양으로 열리는데, 반만 열리며 완전하게 활짝 피지는 않는다. 잎은 끝이 뾰족하고 기부는 줄기를 감싸 안으며, 10장 내외가 2열로 쌍생한다. 두터운 편이다.

❶학명_Cephalanthera falcata
❷분류군_난초과
❸자생지_산지, 구릉의 수풀
❹분포_경기 이남, 울릉도
❺개화시기_4~5월
❻꽃색_황색
❼꽃크기_약 1cm
❽전초외양_직립형
❾전초높이_40~70cm
❿원산지_한국
⓫생태_다년초

은난초

청결한 분위기의 하얀 꽃이 봄날의 수풀에 핀다. 꽃 이름은 그 색깔을 은색으로 비유한 것이다. 꽃은 줄기 끝에 나는데, 금난초보다 적은 송이가 피며, 개화해도 그다지  많은 꽃이 피지는 않는다. 잎의 수도 적어서 3~6장 정도가 나온다. 풀의 키도 낮은 편이어서 전체적으로 금난초보다 작다.

❶학명_Cephalanthera erecta
❷분류군_난초과
❸자생지_산지, 구릉의 수풀
❹분포_전국
❺개화시기_5월
❻꽃색_백색
❼꽃크기_약 1cm
❽전초외양_직립형
❾전초높이_30~60cm
❿원산지_한국
⓫생태_다년초

연영초

하얀색 꽃이 봄의 숲에 피는데 그 모습이 아름답다. 하지만 깊은 산속에서 자라므로 쉽게 볼 수 없는 꽃이다. 꽃은 잎 중앙에서 나온 한 개의 꽃줄기 끝에 1송이씩 달리며, 흰색에 약간 붉은색이 도는 꽃잎이 3장씩 윤생(輪生)으로 핀다. '수명을 연장한다' 하여 연영초(延齡草)라 하는데, 한방에서는 뿌리줄기를 우아칠(芋兒七)이라 하여 약재로 쓴다. 우아칠은 혈액의 순환을 촉진하며 풍을 다스려 주고 혈압을 낮추어 준다.

❶학명_Trillium kamtschaticum
❷분류군_백합과
❸자생지_깊은 산속의 숲
❹분포_강원도 등
❺개화시기_5~6월
❻꽃색_백색
❼꽃크기_5~8cm
❽전초외양_직립형
❾전초높이_20~30cm
❿원산지_한국, 일본, 사할린
⓫생태_다년초

실꽃풀

산지의 나무그늘에서 자라면서 실과 같은 흰색 꽃을 산뜻하게 피운다. 꽃은 바소꼴의 잎이 달린 꽃줄기 끝, 수상꽃차례에 달리는데, 여러 개의 꽃이 아래에서 위로 올라가

면서 핀다. 실꽃풀이란 이름은 가는 화피갈래 조각이 실같이 생겼다고 해서 붙여진 이름이다. 반상록성 또는 상록성의 다년초이다

❶학명_Chionographis japonica
❷분류군_백합과
❸자생지_산지의 숲, 물가 근처
❹분포_남해안, 제주도
❺개화시기_5~6월
❻꽃색_백색
❼꽃크기_6~12mm
❽전초외양_직립형
❾전초높이_20~40cm
❿원산지_한국
⓫생태_다년초

처녀치마

작은 꽃이 줄기 끝에 반구형으로 모여서 핀다. 산과 들의 습기가 있는 숲 가장자리, 계곡 근처, 논두렁, 풀밭 등에서 자란다. 꽃 색깔은 적자색이지만, 핀 후에는 자록색으  로 변한다. 잎은 늘 푸르며 겨울에도 시들지 않는다. 꽃줄기에는 비늘잎이 여러 장이며, 풀의 키는 꽃이 진 다음에 현저하게 자란다.

❶학명_Heloniopsis koreana
❷분류군_백합과
❸자생지_산과 들의 습한 곳
❹분포_전국
❺개화시기_4월
❻꽃색_적자색
❼꽃크기_1~1.5cm
❽전초외양_직립형
❾전초높이_10~30cm
❿원산지_한국
⓫생태_다년초

중의무릇

봄날의 햇살을 받으며 작은 꽃이 피고, 석양이 질 무렵이 되면 꽃잎을 닫는다. 꽃은 줄기 끝에 3~10개 정도 핀다. 이 종류의 꽃들은 대개 1그루에 1송이의 꽃이 피지만, 종의무릇은 꽃이 많이 핀다. 꽃잎과 수술은 6개이고, 암술은 1개이다. 꽃색은 안쪽은 노랗고, 바깥쪽은 녹색이다. 잎은 폭이 조금 넓은 선형이며 줄기보다 길다. 꽃줄기 끝에서 2장의 포엽이 난다. 땅속 비늘줄기는 난형이며, 길이는 1.5cm이다.

❶학명_Gagea lutea Ker-Gawl.
❷분류군_백합과
❸자생지_산과 들의 초원
❹분포_중부지역의 산지
❺개화시기_4~5월
❻꽃색_황색+녹색
❼꽃크기_1.2~1.5cm
❽전초외양_직립형
❾전초높이_15~20cm
❿원산지_한국
⓫생태_다년초

나도개감채

깊은 산의 숲과 풀밭에서 하얀 바탕에 녹
색 세로 선이 들어가 있는 꽃이 꽃줄기 끝
에 핀다. 봄에 피는데도 반음지를 좋아하는
식물로 흔하게 볼 수 있는 품종은 아니다.

꽃잎에는 겉은 진하고
안은 잔잔한 녹색 맥
이 있다. 수술은 6개이
고, 꽃밥은 노란색이
다. 2~3장의 줄기잎이
쌍생한다.

❶학명_Lloydia triflora
❷분류군_백합과
❸자생지_깊은 산지의 초원
❹분포_강원도, 지리산 등
❺개화시기_4~5월
❻꽃색_백색
❼꽃크기_1~1.5cm
❽전초외양_직립형
❾전초높이_10~25cm
❿원산지_한국, 일본, 만주 등
⓫생태_다년초

얼레지

숲의 봄을 채색하는 대표적인 야생화. 비늘 줄기에서 양질의 녹말을 채취할 수 있어, 예부터 녹말가루를 만드는 데 이용되어왔다. 꽃은 온도에 따라 피거나 닫히는데, 17~20℃ 이상에서 화피편이 열리고, 25℃에서는 완전히 뒤집어지는 등 봄의 기온 상승에 따라 표정이 바뀐다. 종자에서 꽃이 필 때까지 7년이라는 시간이 걸린다. 군생지는 오랫동안 자연이 파괴되지 않았을 때에만 볼 수 있다.

❶학명_Erythronium japonicum
❷분류군_백합과
❸자생지_높은 산악지대
❹분포_전국
❺개화시기_3~4월
❻꽃색_홍자색
❼꽃크기_5~6cm
❽전초외양_직립형
❾전초높이_15~25cm
❿원산지_한국
⓫생태_다년초

진황정

산지의 숲속에서 자란다. 뿌리줄기는 옆으로 뻗고 굵으며, 마디 간격이 짧고 군데군데에서 줄기가 나온다. 녹색이 도는 백색의 꽃이 주렁주렁 매달리며 핀다. 꽃은 잎겨드랑이에서 나온 꽃줄기가 가지를 나눈 그 끝에, 3~5개씩 핀다. 얼핏 보면 둥굴레와 비슷하여 구분이 어렵지만 잎이 약간 길쭉한 게 다르고, 꽃이 더 일찍, 더 많은 핀다. 원주형 줄기가 똑바로 곧추서다 윗부분에 가면 활 모양으로 휘어진다.

❶학명_Polygonatum falcatum
❷분류군_백합과
❸자생지_산지의 숲속
❹분포_전국
❺개화시기_5월
❻꽃색_녹색이 도는 백색
❼꽃크기_1.8~2.3cm
❽전초외양_직립형
❾전초높이_50~80cm
❿원산지_한국
⓫생태_다년초

은방울꽃

큰 잎 아래에서 종 모양의 꽃이 땅을 보고 핀다. 꽃의 모양이 은방울을 닮아서 은방울꽃이라는 이름이 붙었으며, 향기가 은은하여 고급향수를 만드는 재료로 쓰기도 한다. 어린잎은 식용한다. 은방울꽃은 우리나라 산야에 비교적 흔하게 나는 품종이다.

❶학명_Convallaria keiskei
❷분류군_백합과
❸자생지_산지의 초원
❹분포_전국
❺개화시기_4~5월
❻꽃색_백색
❼꽃크기_6~8mm
❽전초외양_직립형
❾전초높이_20~35cm
❿원산지_한국
⓫생태_다년초

애기나리

산지나 구릉 등 숲속 응달 등에서 작고 귀여운 꽃을 피운다. 꽃은 줄기 끝에 비스듬하게 땅을 보고 핀다. 꽃잎은 절반 정도가 열려 있으며, 활짝 피지는 않는다. 수술 6

개, 암술 1개이다. 꽃이 진 다음에는 직경 1cm의 동그란 열매가 맺히는데, 검게 익는다.

❶학명_Disporum smilacinum
❷분류군_백합과
❸자생지_산지, 구릉의 숲
❹분포_중부 이남
❺개화시기_4~5월
❻꽃색_백색
❼꽃크기_1~2cm
❽전초외양_직립형
❾전초높이_15~40cm
❿원산지_한국
⓫생태_다년초

윤판나물

가늘고 긴 꽃차례가 아래쪽을 보고 핀다.
겉모습만 보면 둥굴레와 구별이 쉽지 않다.
전체적으로 털이 없고 잎은 끝이 뾰족하다.
땅속줄기는 짧고, 땅위줄기는 곧게 서며 갈
라진다. 주걱 모양의 화피는 6장이 모여 통
모양을 이루며, 암술의 끝은 3갈래로 갈라
진다. 이름에서도 알 수 있듯이, 어린순은
나물로 먹거나 국을 끓여 먹는다. 뿌리는
비장이 허하거나 장염, 대장 출혈이 있을
때 약용한다.

❶학명_Disporum uniflorum Baker
❷분류군_백합과
❸자생지_산지, 구릉의 숲
❹분포_중부 이남 산지
❺개화시기_4~6월
❻꽃색_황색
❼꽃크기_약 2cm
❽전초외양_직립형
❾전초높이_30~60cm
❿원산지_한국
⓫생태_다년초

앉은부채

이른 봄, 아직 추위가 가시지 않아 잎이 나기도 전에 꽃이 핀다. 꽃은 잎보다 먼저 1포기에 1개씩 나온다. 숲 아래 습기가 있는 장소 등에서 자란다. 꽃은 모자 모양의 특수한 불염포에 감싸인 채 노란색 타원형으로 핀다.

❶학명_Symplocarpus renifolius
❷분류군_천남성과
❸자생지_산지의 습지대
❹분포_전국
❺개화시기_3~5월
❻꽃색_황색(꽃), 암적갈색(포)
❼꽃크기_10~20cm
❽전초외양_직립형
❾전초높이_50~60cm
❿원산지_한국
⓫생태_다년초

개보리뺑이

제주도를 포함한 남부지역 들판에 흔하게 볼 수 있다. 겨울 동안 묵었던 논에서 봄에 둑새풀과 함께 볼 수 있다. 노란색 꽃이 피는데, 꽃대는 1.5~5cm이다. 근생엽은 지면 부근에 퍼지며 꽃이 필 때에도 남아 있다.

로제타모양의 근생엽 사이에서 여러 개의 줄기가 비스듬히 뻗는다. 전체에 털이 많이 나나 점차 없어진다.

❶학명_Lapsana apogonoides
❷분류군_국화과
❸자생지_논밭, 개천가
❹분포_남부지역
❺개화시기_3~5월
❻꽃색_황색
❼꽃크기_1.2~1.5cm
❽전초외양_직립형
❾전초높이_4~20cm
❿원산지_한국
⓫생태_2년초

뽀리뺑이

박조가리나물이라고도 하며, 길가나 다소 그늘진 곳에서 자란다. 줄기는 길게 뻗치고 부드러운 털이 있으며, 줄기나 잎을 자르면 백색의 유액이 나온다. 꽃은 햇빛을 보면 피고, 저녁에는 닫는 습성이 있다. 어린잎

은 나물로 먹고, 한방에서는 전초를 채취하여 햇볕에 말린 것을 황과채(黃瓜菜)라 하여 약용으로 쓴다.

❶학명_Youngia japonica
❷분류군_국화과
❸자생지_길가, 그늘진 곳
❹분포_전국
❺개화시기_5~6월
❻꽃색_황색
❼꽃크기_약 1cm
❽전초외양_직립형
❾전초높이_20~100cm
❿원산지_한국
⓫생태_1~2년초

민들레

전국 각처에서 볼 수 있는 식물로 줄기가 있고, '앉은뱅이'라는 별명이 있다. 이른 봄 깃털모양으로 갈라진 잎은 뿌리에서 모여 나고, 주걱모양의 긴 타원형으로 갈라진 조각은 삼각형이고 가장자리에 톱니가 있으며, 꽃줄기는 30cm 정도이다. 줄기는 겨울에 죽지만 이듬해 다시 자라는 강한 생명력이 있어, 백성과 같은 민초로 비유되기도 한다. 어린잎은 나물로, 뿌리는 해열·소염·이뇨 등의 약용으로 이용한다.

❶학명_Taraxacum platycarpum
❷분류군_국화과
❸자생지_길가, 초원
❹분포_전국
❺개화시기_3~5월
❻꽃색_황색
❼꽃크기_약 4cm
❽전초외양_직립형
❾전초높이_20~30m
❿원산지_한국
⓫생태_다년초

흰민들레

한반도 원산의 토착종으로 우아한 느낌이 도는 민들레이다. 그리고 무엇보다 쓴맛이 적어 식용으로도 좋고, 약용으로도 뛰어나다고 한다. 생태원줄기가 없이 모든 잎은 뿌리에서 나와 비스듬히 서며 자란다. 서양민들레는 자가수정이 가능하여, 1년에 몇 번씩 꽃을 피워 번식이 쉽지만, 흰민들레는 암수이종으로 다른 꽃과 수정을 해야 하고, 1년에 한번밖에 꽃을 피우지 않아 번식이 어렵고 그 수도 적다고 한다.

①학명_Taraxacum albidum
②분류군_국화과
③자생지_들, 목초지 등
④분포_전국
⑤개화시기_3~5월
⑥꽃색_백색
⑦꽃크기_약 4cm
⑧전초외양_직립형
⑨전초높이_15~30cm
⑩원산지_한국
⑪생태_다년초

솜방망이

원줄기와 잎의 양면에 솜털이 덮여 있어 '솜방망이'라고 하며, 양지바른 들에서 노란 꽃을 피운다. 척박한 곳에서도 잘 자라지만 부엽토가 많은 양지바른 곳에 군락을 이룬

다. 줄기는 굵고 안은 비어 있으며, 처음 나온 잎은 긴 타원형의 로제트형으로 사방으로 퍼지고 개화기까지 남아 있다.

❶학명_Senecio pierotii
❷분류군_국화과
❸자생지_양지바른 들
❹분포_전국
❺개화시기_5~6월
❻꽃색_황색
❼꽃크기_3~4cm
❽전초외양_직립형
❾전초높이_20~65cm
❿원산지_한국
⓫생태_다년초

금전초

우리나라 어디서나 볼 수 있는 여러해살이 풀로 '긴병꽃풀'이라고도 부른다. 약용 자생 식물들 중에 놀랄만큼 뛰어난 약효를 보여 서 활혈단(活血丹 : '죽은피를 다시 살린다는 뜻)  이란 이름도 있다. 줄 기는 네모나고 털이 있으며, 잎은 마주나 고 둥근신장형으로 가 장자리에 부드러운 톱 니가 있다.

❶학명_Glechoma hederacea var.
❷분류군_꿀풀과
❸자생지_초지, 산기슭
❹분포_전국
❺개화시기_4~5월
❻꽃색_홍자색
❼꽃크기_1.5~2.5cm
❽전초외양_직립형
❾전초높이_30~50cm
❿원산지_한국, 중국 등
⓫생태_다년초

광대나물

전국 각지의 햇빛이 잘 드는 비옥한 땅에서 자란다. 마치 남사당패의 무동이 어깨 위에서 춤추는 모습처럼 꽃이 피어난다. 뿌리 부근에서 여러 갈래의 줄기가 나오고, 네모난 줄기 마디마다 층을 이뤄 잎이 마주 달린다. 광대나물의 씨는 싹이 잘 트고 오래 생존하며 바람, 비, 동물을 통해 퍼져나간다. 어린잎은 나물로 먹는다.

❶학명_Lamium amplexicaule

❷분류군_꿀풀과

❸자생지_초지, 산기슭

❹분포_전국

❺개화시기_4~5월

❻꽃색_홍자색

❼꽃크기_1.7~2cm

❽전초외양_직립형

❾전초높이_10~30cm

❿원산지_한국

⓫생태_다년초

꿀풀

산기슭의 볕이 잘 드는 풀밭에서 자란다. 원줄기는 네모지고, 곧게 자라며, 전체에 짧은 털이 덮여 있다. 밑부분에서 기는 줄기가 나와 번식한다. 잎은 긴 타원형의 바소꼴로 마주나는데, 가장자리는 밋밋하거나 톱니가 있다. 꽃은 줄기 끝에 원기둥 모양의 수상꽃차례를 이루며 자줏빛으로 핀다. 봄에 어린순을 식용한다. 한방에서는 꽃이삭을 말린 것을 하고초(夏枯草)라 하며, 소염제 · 이뇨제 등으로 쓴다.

❶학명_Prunella vulgaris var.
❷분류군_꿀풀과
❸자생지_산기슭, 길가
❹분포_전국
❺개화시기_5~6월
❻꽃색_자주색
❼꽃크기_약 2cm
❽전초외양_직립형
❾전초높이_약 30cm
❿원산지_한국
⓫생태_다년초

금창초

줄기는 네모지고 전체에 우단 같은 털로 덮여 있는데, 키가 작아 마치 땅에 붙은 듯한 모습이다. 잎은 방사상으로 퍼지며 거꾸로 선 바소꼴로 잎끝이 둔하고 짙은 녹색이지만 자줏빛이 돌며, 가장자리는 물결모양의 톱니가 있다. 금창초는 한자로 '金瘡草'라 쓰는데 '금창(金瘡)'은 '쇠붙이에 입은 상처'를 뜻한다. 그러므로 이 이름은 상처나 종기가 난 곳에 이 풀을 찧어 바른 데서 유래했다고 할 수 있다.

❶학명_Ajuga decumbens

❷분류군_꿀풀과

❸자생지_산기슭, 길가

❹분포_제주, 울릉도, 남부지방

❺개화시기_5~6월

❻꽃색_자주색

❼꽃크기_약 1cm

❽전초외양_포복형

❾전초높이_5~15cm

❿원산지_한국

⓫생태_다년초

꽃마리

꽃마리는 꽃이 필 때 태엽처럼 둘둘 말려 있던 꽃들이 퍼지면서 밑에서부터 한 송이씩 피기 때문에 붙여진 이름이다. 줄기는 밑에서 가지가 갈라져 마치 많이 모여 있는 듯한 모습을 하고 있고, 전체에 짧은 털이 있다. 잎은 어긋나고 달걀형이며, 가장자리는 밋밋하다. 이른 봄 해가 잘 드는 양지에 모여 피어 봄을 알린다.

❶학명_Trigonotis peduncularis
❷분류군_지치과
❸자생지_들, 밭, 길가
❹분포_전국
❺개화시기_4~6월
❻꽃색_담청색
❼꽃크기_약 2mm
❽전초외양_직립형
❾전초높이_10~30cm
❿원산지_한국
⓫생태_2년초

뚜껑별꽃

꽃은 청자색이고 잎겨드랑이에 1송이씩 달린다. 열매가 익으면 가운데 부분이 갈라지면서 뚜껑이 열리고, 많은 수의 종자가 널리 퍼져 붙여진 이름이다. 줄기는 여러 개

가 뭉쳐나고 네모지며, 옆으로 뻗다가 비스듬히 선다. 잎은 마주나고, 가장자리는 밋밋하고 끝이 뾰족하다.

❶학명_Anagallis arvensis
❷분류군_앵초과
❸자생지_해안 근처
❹분포_제주도, 남부지방
❺개화시기_4~5월
❻꽃색_청자색
❼꽃크기_1~1.3cm
❽전초외양_직립형
❾전초높이_10~30cm
❿원산지_한국
⓫생태_1~2년초

좀가지풀

열매가 작은 가지를 닮아 붙여진 이름이다. 하지만 잎모양과 꽃모양도 닮은 듯하다. 제주도, 지리산, 강화도의 산지에 나는 여러해살이풀로 전체에 짧은 털이 퍼져나고, 가는 줄기의 끝은 비스듬히 선다. 잎은 마주나고, 넓은 난형으로 짧은 털이 있다. 꽃은 잎겨드랑이에서 노란색으로 1송이씩 핀다.

① 학명_Lysimachia japonica
② 분류군_앵초과
③ 자생지_산기슭의 풀밭
④ 분포_제주도, 지리산 등
⑤ 개화시기_5~6월
⑥ 꽃색_황색
⑦ 꽃크기_5~7mm
⑧ 전초외양_포복형
⑨ 전초높이_7~20cm
⑩ 원산지_한국
⑪ 생태_다년초

앵초

잎은 뿌리에 뭉쳐나고 달걀 모양 또는 타원 모양이며, 끝이 둥글고 가장자리에 거치가 있다. 잎 표면에 주름이 있으며 털로 덮여 있고, 잎자루는 잎보다 1~4배 길다. 붉은 자주색 꽃이 줄기 끝에 5~20개씩 산형으로 달리고, 털이 있다.

①학명_Primula sieboldii
②분류군_앵초과
③자생지_산지의 물가나 습지
④분포_전국
⑤개화시기_4월
⑥꽃색_담홍색, 홍자색
⑦꽃크기_약 2cm
⑧전초외양_직립형
⑨전초높이_15~40cm
⑩원산지_한국
⑪생태_다년초

구슬붕이

전국의 양지바른 습지에서 자라는데, 매우
작아 다 자라도 손가락 크기 정도이다. 줄
기는 밑에서 갈라져 모여난다. 꽃은 종모양
으로 피는데, 열 갈래로 보이는 꽃잎은 다
섯은 크게, 다섯은 작게 되어 있다.

❶학명_Gentiana squarrosa
❷분류군_용담과
❸자생지_양지바른 초지
❹분포_전국
❺개화시기_5~6월
❻꽃색_담청자색
❼꽃크기_2~4cm
❽전초외양_직립형
❾전초높이_3~10cm
❿원산지_한국
⓫생태_2년초

제비꽃

봄에 제비가 올 때쯤 꽃이 피고, 그 모양이 제비와 비슷하기 때문에 '제비꽃'이라는 이름이 붙었다. 다른 이름인 '반지꽃'은 꽃으로 반지를 만들 수 있어서 붙여진 이름이다. 또한 북쪽을 향해 꽃이 피기 때문에, 혹은 북쪽에서 외적이 쳐들어올 때쯤이면 꽃이 핀다고 해서 '오랑캐꽃'이라고 부르는 등 이름에 얽힌 유래가 많다. 줄기가 없고, 뿌리에서 잎이 모여나 옆으로 퍼진다. 꽃은 잎 사이에서 뻗은 줄기에 1개씩 핀다.

❶학명_Viola mandshurica
❷분류군_제비꽃과
❸자생지_산과 들의 초지
❹분포_경기 이남
❺개화시기_4월
❻꽃색_자주색
❼꽃크기_1.5~2.5cm
❽전초외양_직립형
❾전초높이_약 20cm
❿원산지_한국
⓫생태_2년초

등대풀

남해의 다도해 섬지방, 중부 이남 들녘의
논둑이나 밭둑, 바닷가 모래땅에 많이 자라
는 유독성식물이다. 가을에 새순이 나와 다
음해 봄에 무성하게 자란다. 적황색 줄기를
자르면 흰색의 유액이 나오는데, 이것이 피
부에 닿으면 옻이 옮는다. 잘못 먹으면 입
이나 위의 점막이 짓무르고 구토, 복통, 설
사 등을 일으킨다. 줄기 끝에 5장의 커다란
잎이 윤생하는데, 이것이 등불을 밝히는 등
대와 비슷하다고 해서 지어진 이름이다.

❶학명_Euphorbia helioscopia
❷분류군_대극과
❸자생지_산과 들의 초지
❹분포_경기 이남
❺개화시기_5월
❻꽃색_황록색
❼꽃크기_2~3cm
❽전초외양_직립형
❾전초높이_약 20cm
❿원산지_한국
⓫생태_2년초

대극

남부지방의 바닷가, 돌이 많은 곳에서 자란다. 줄기는 곧게 서고, 굵으며, 털이 없다. 잎은 어긋나고 빽빽이 달리며 바소꼴로 끝이  둔하고, 밑부분이 좁아지며, 가장자리는 밋밋하다. 최근에는 백령도에서도 발견되었다. '암대극'이라고도 한다.

① 학명_Euphorbia jolkinii
② 분류군_대극과
③ 자생지_해안가 암석지
④ 분포_남부지방
⑤ 개화시기_4~5월
⑥ 꽃색_황록색
⑦ 꽃크기_약 3mm
⑧ 전초외양_직립형
⑨ 전초높이_40~80cm
⑩ 원산지_한국
⑪ 생태_다년초

애기풀

뿌리에서 여러 대의 줄기가 나와 곧게 또
는 비스듬히 자라며 전체에 회갈색 털이
있고, 잎은 긴 타원형으로 어긋나게 달린다.
간혹 잎에 자주색이 돌기도 하며, 끝이 뾰
족하고, 가장자리가 밋밋하다. 꽃은 줄기
윗부분의 잎겨드랑이에 짧은 총상꽃차례를
이루며 달린다. 잎이
나 생김새가 모두 애
기처럼 작아 보여 붙
여진 이름이라 한다.

❶학명_Polygala japonica
❷분류군_원지과
❸자생지_양지바른 풀밭
❹분포_전국
❺개화시기_4~5월
❻꽃색_자주색
❼꽃크기_1cm 이하
❽전초외양_직립형
❾전초높이_10~20cm
❿원산지_한국
⓫생태_다년초

자운영

야지의 풀밭 등에서 자라는데, 붉은토끼풀 꽃을 닮았다. 줄기는 사각형이고, 밑에서 가지가 많이 갈라져 옆으로 자라다 곧게 선다. 잎은 1회 깃꼴겹잎으로 타원형이며, 끝이 둥글거나 파형이다. 꽃은 잎겨드랑이에서 나온 꽃대에 7~10개의 나비모양의 홍자색 꽃이 산형으로 달린다. 중국 원산인 2년생 초본인데, 풋거름으로 쓰기 위해 논밭에서 심어 기르던 것이 퍼져 나가 자라고 있다. 어린줄기, 어린순을 무쳐 나물로 먹는다.

❶학명_Astragalus sinicus
❷분류군_콩과
❸자생지_풀밭
❹분포_남부지방
❺개화시기_4~5월
❻꽃색_홍자색
❼꽃크기_약 1.5cm
❽전초외양_포복형
❾전초높이_10~25cm
❿원산지_한국
⓫생태_2년초

뱀딸기

들이나 산기슭의 양지바른 곳에서 흔히 자
란다. 줄기는 옆으로 뻗어 자라고 마디에서
새로운 뿌리를 내린다. 줄기는 마치 뱀이
기어가듯 길게 뻗어나간다. 잎은 어긋나고
3장의 홑잎으로 이루어졌으며, 꽃은 잎겨드
랑이에서 꽃대가 나와 노란색으로 핀다. 둥
그런 열매는 딸기와 비슷하나, 맛은 그리
좋지 않다. 하지만 최근 뱀딸기가 항암기능
과 각종 질병에 대한 면역증강효과가 뛰어
나다는 학계 보고가 있다.

❶학명_Duchesnea chrysantha
❷분류군_장미과
❸자생지_들이나 산기슭
❹분포_전국
❺개화시기_4~5월
❻꽃색_황색
❼꽃크기_0.5~1cm
❽전초외양_포복형
❾전초높이_10~25cm
❿원산지_한국, 중국 등
⓫생태_다년초

양지꽃

양지바른 풀밭에서 자란다. 줄기는 비스듬
히 서고, 잎과 함께 전체에 털이 있다. 뿌리

잎은 뭉쳐 나와
비스듬히 퍼지고,
줄기잎은 3~15개
의 깃꼴복엽으로
털이 많고 가장
자리에 톱니가 있
다. 꽃은 노란색
으로 모여 핀다.

❶학명_Potentilla fragarioides var.
❷분류군_장미과
❸자생지_양지바른 풀밭
❹분포_전국
❺개화시기_4~5월
❻꽃색_황색
❼꽃크기_1.5~2cm
❽전초외양_포복형
❾전초높이_덩굴성
❿원산지_한국
⓫생태_다년초

바위취

숲속 물기 있는 바위틈에 잘 자란다고 해서 붙여진 이름이다. 잎은 뿌리줄기에서 뭉쳐나는데, 신장모양으로 흰색 무늬가 있다. 어린잎에 부드러운 털이 촘촘히 난 모습이 호랑이 귀를 닮았다고 해서 '범의귀'라고도 한다. 그리고 활짝 핀 꽃이 한자의 대(大)자를 닮았다 하여 '대문자(大文字)꽃'이라고도 한다. 번식력이 왕성하고 추위에 강해, 다른 잎이 져버린 한겨울에도 보송한 털을 덮은 채 바위틈에 웅크리고 있다.

❶학명_Saxifraga stolonifera
❷분류군_범의귀과
❸자생지_습한 바위틈
❹분포_중부 이남
❺개화시기_5월
❻꽃색_백색
❼꽃크기_1.5~2.5cm
❽전초외양_포복형
❾전초높이_40~60cm
❿원산지_한국
⓫생태_다년초

냉이

전국 도처에서 볼 수 있는 식물로, 이른 봄 하얀색으로 꽃을 피워 봄을 알려준다. 이른 봄 새싹을 캐어 나물, 국거리, 김치 등을 해먹는데 춘곤증 예방에 아주 좋다. 전체에 털이 있고 뿌리잎은 뭉쳐나고, 줄기잎은 어

긋나며 위로 올라갈수록 작아지는 피침형으로 줄기를 감싼다.

❶학명_Capsella bursa-pastoris
❷분류군_십자화과
❸자생지_길가, 들
❹분포_전국
❺개화시기_5월
❻꽃색_백색
❼꽃크기_약 3mm
❽전초외양_직립형
❾전초높이_10~50cm
❿원산지_한국
⓫생태_2년초

황새냉이

논밭 근처나 습지에서 흔히 군락을 이루며 자라는 두해살이풀이다. 밑에서 가지가 많이 갈라져 퍼지고, 줄기 밑부분은 털이 있고, 흑자색을 띤다. 잎은 어긋나고 깃꼴겹잎으로 잔털이 있고, 끝에 달려 있는 잔잎이 가장 크다.

❶학명_Cardamine flexuosa
❷분류군_십자화과
❸자생지_논밭, 습지
❹분포_전국
❺개화시기_4~5월
❻꽃색_백색
❼꽃크기_3~4mm
❽전초외양_직립형
❾전초높이_15~30cm
❿원산지_한국
⓫생태_2년초

갯장대

바닷가 모래땅이나 바위틈에 자라는 해넘
이풀로 줄기는 곧게 또는 비스듬히 자란다.

뿌리잎은 타원형으
로 두껍고 가장자
리에 톱니가 다소
있고, 줄기잎은 긴
타원형으로 불규칙
한 톱니가 있다. 꽃
은 원줄기 끝에 총
상꽃차례로 달린다.

❶학명_Arabis stelleri var.

❷분류군_십자화과

❸자생지_바닷가 모래땅

❹분포_울릉도, 제주도

❺개화시기_4~5월

❻꽃색_백색

❼꽃크기_7~9mm

❽전초외양_직립형

❾전초높이_20~40cm

❿원산지_한국

⓫생태_2년초

꽃다지

전국의 양지바른 산이나 들에서 자란다. 식물 전체에 별처럼 생긴 털이 있다. 줄기는 곧게 서며, 줄기 옆에서 많은 가지가 나온다. 뿌리잎은 무리져서 퍼지고, 줄기잎은 어긋나며 긴 타원형으로 끝이 뾰족하며 톱니가 있다. 꽃은 황색으로 줄기와 가지 끝에 총상꽃차례로 핀다.

❶학명_Draba nemorosa
❷분류군_십자화과
❸자생지_양지바른 산과 들
❹분포_전국
❺개화시기_4~6월
❻꽃색_황색
❼꽃크기_1~2cm
❽전초외양_직립형
❾전초높이_약 20cm
❿원산지_한국
⓫생태_2년초

자주괴불주머니

산기슭의 그늘진 곳에서 자란다. 긴 뿌리 끝에서 여러 대의 줄기가 자라 가지가 갈라진다. 뿌리잎은 세모꼴달걀형으로 3개씩 3회 갈라지고, 잎자루는 위로 갈수록 짧아진다. 줄기잎도 비슷하며 어긋난다. 유독 식물이지만, 한방에서는 뿌리를 비롯해 모든 부분을 약재로 쓴다.

①학명_Corydalis incisa
②분류군_현호색과
③자생지_조금 습한 산기슭
④분포_제주도, 전라도
⑤개화시기_4~5월
⑥꽃색_자주색
⑦꽃크기_1~2cm
⑧전초외양_직립형
⑨전초높이_약 20cm
⑩원산지_한국
⑪생태_2년초

개구리발톱

개구리발톱은 개구리와 발톱이 차용되어 형성된 말로, 서식지 부근에 개구리가 많은 것에서 개구리를, 발톱은 꽃모양이 매발톱과 유사한 것에서 유래된 이름이라 한다. 키가 작은 풀로, 위쪽에서 가지가 갈라지고, 뿌리는 양분을 저장하는 통통하고 검은 덩이줄기를 갖고 있다. 뿌리잎은 윗부분이 녹색이고 뒷면이 흰색을 띠며, 3개의 소엽으로 구성되어 있다. 소엽은 다시 2~3개로 갈라진다.

①학명_Aquilegia adoxoides
②분류군_미나리아재비과
③자생지_덤불, 풀밭, 숲가
④분포_제주도, 호남지방
⑤개화시기_4~5월
⑥꽃색_백색
⑦꽃크기_5~6mm
⑧전초외양_직립형
⑨전초높이_15~30cm
⑩원산지_한국
⑪생태_다년초

개구리자리

개구리가 있는 곳에서 자란다고 해 붙여진 이름으로 '놋동이풀', '늪바구지'라고도 한다. 줄기는 곧게 서고, 비교적 털이 없어 매끈하며 윤기가 있고, 속이 비어 있다. 뿌리잎

은 무더기로 나고, 줄기잎은 잎자루가 길며 깊게 갈라진 채 어긋난다. 꽃은 줄기나 가지 끝에 황색으로 핀다.

❶학명_Ranunculus sceleratus
❷분류군_미나리아재비과
❸자생지_물가, 습지
❹분포_전국
❺개화시기_4~5월
❻꽃색_황색
❼꽃크기_6~8mm
❽전초외양_직립형
❾전초높이_약 50cm
❿원산지_한국
⓫생태_2년초

털개구리미나리

유독식물로 전체에 털이 많고, 줄기는 비어 있다. 특히 줄기에 퍼진 털이 밀포되어 있다. 뿌리잎은 잎자루가 길고 밑부분이 3개로 갈라져 다시 2~3개로 갈라지며, 가장자

리에는 불규칙하고 뾰족한 톱니가 있고, 털이 있다. 줄기잎은 어긋나며 잎자루가 짧다. 꽃은 황색의 취산꽃차례로 핀다.

❶학명_Ranunculus cantoniensis
❷분류군_미나리아재비과
❸자생지_물가, 습지
❹분포_제주도, 남부지방
❺개화시기_5월
❻꽃색_황색
❼꽃크기_약 1cm
❽전초외양_직립형
❾전초높이_40~60cm
❿원산지_한국
⓫생태_다년초

방가지똥

길가나 들에서 흔히 자라는 잡초로, 잎이나 줄기를 자르면 하얀 즙이 나온다. 방가지풀이라고도 하는데, 어린순은 나물로 먹을 수  있다. 다수의 작은 꽃이 모여 있는 통상화로, 꽃은 대부분 봄에 피지만 따뜻한 지역은 거의 연중 꽃을 피운다. 줄기는 굵지만 비어 있어 유연하다.

❶학명_Sonchus oleraceus
❷분류군_국화과
❸자생지_들, 길가
❹분포_전국
❺개화시기_5~9월
❻꽃색_황색
❼꽃크기_약 2cm
❽전초외양_직립형
❾전초높이_30~100cm
❿원산지_한국
⓫생태_다년초

별꽃

길가나 밭둑에서 자라는 석죽과 두해살이
풀로, 줄기는 밑부분에서 무더기로 나며 비
스듬히 자란다. 줄기에는 한 줄로 털이 있
다. 잎은 끝이 뾰족한 달걀형으로 줄기에
마주나고, 흰색 꽃이 취산꽃차례로 달린다.

❶학명_Stellaria neglecta
❷분류군_석죽과
❸자생지_산과 들
❹분포_전국
❺개화시기_5~6월
❻꽃색_백색
❼꽃크기_6~7mm
❽전초외양_포복형
❾전초높이_10~30cm
❿원산지_유럽
⓫생태_2년초

수영

꽃은 자웅이수이며 원추꽃차례로 돌려난다. 꽃받침조각과 수술은 6개씩이고, 꽃잎은 없으며, 암술대는 3개로서 암술머리가 잘게 갈라진다. 꽃이 진 다음 안쪽 꽃받침조각 3개는 자라서 열매를 둘러싼다. 땅속줄기는 다소 굵고 짧은 황색이며, 줄기는 가는 원주형으로 모가 나고 보통 자홍색을 띤다. 뿌리잎은 모여 나고, 줄기잎은 긴 타원형으로 어긋나며 가장자리가 밋밋하고 위로 갈수록 잎자루가 없어진다.

❶학명_Rumex acetosa
❷분류군_마디풀과
❸자생지_풀밭
❹분포_전국
❺개화시기_5~6월
❻꽃색_녹자색
❼꽃크기_약 3mm
❽전초외양_직립형
❾전초높이_30~80cm
❿원산지_한국
⓫생태_다년초

붓꽃

짙은 녹색의 잎이 난의 잎처럼 길고 끝이
뾰족하게 생겨서 붓을 연상케 하는 꽃이다.
뿌리줄기는 옆으로 뻗고 잔뿌리가 나와 자
라며, 잎은 난처

럼 길다. 꽃줄기
끝에 8cm 정도
의 청자색의 꽃
이 피는데, 하루
가 지나면 시든
다.

① 학명_Iris sanguinea
② 분류군_난초과
③ 자생지_산기슭 초지
④ 분포_전국
⑤ 개화시기_5~6월
⑥ 꽃색_청자색
⑦ 꽃크기_약 8cm
⑧ 전초외양_직립형
⑨ 전초높이_30~60cm
⑩ 원산지_한국
⑪ 생태_다년초

산자고

산지의 양지바른 풀밭에서 자라고, 알뿌리가 있는 식물이다. 비늘줄기는 원형으로 비늘조각 안쪽에 갈색털이 빽빽이 나고, 뿌리잎은 선형으로 2개이며 털이 없고 줄기를 감싼다. 식용으로도 쓰이고, 한방에서 비늘줄기는 종기를 없애고 종양을 치료하는 데 이용된다.

① 학명_Tulipa edulis
② 분류군_백합과
③ 자생지_산과 들의 양지
④ 분포_중부 이남
⑤ 개화시기_4~5월
⑥ 꽃색_백색
⑦ 꽃크기_2~2.5cm
⑧ 전초외양_직립형
⑨ 전초높이_15~30cm
⑩ 원산지_한국
⑪ 생태_다년초

우리나라 산과 들에서

여름에
피는
야생화

씀바귀

꽃은 지름 1.5cm 정도의 두화가 줄기 끝에 산방상으로 노랗게 핀다. 줄기는 곧추서고 상부에서 가지가 갈라지며, 백색 유즙이 있어 쓴맛이 강하다. 산과 들의 초지에서 흔히 볼 수 있는 식물로, 키는 사람의 무릎 정도까지 큰다. 예부터 나물로, 민간약으로  사랑받아 왔는데, 뿌리는 위장약이나 진정제로도 이용되어 왔다.

❶학명_ Ixeris dentata
❷분류군_ 국화과
❸자생지_ 산과 들
❹분포_ 전국
❺개화시기_ 5~7월
❻꽃색_ 황색
❼꽃크기_ 약 1.5cm
❽전초외양_ 직립형
❾전초높이_ 30~50cm
❿원산지_ 한국
⓫생태_ 다년초

지칭개

전국 각지의 밭둑이나 길가 등 틈만 있으면 뿌리부터 내리는 강인한 식물로, 쓰임새도 다양하다. 어린순은 나물로 먹는데, 심장기능 향상과 뼈에도 좋으며 어혈을 풀어 혈액순환에도 도움이 된다. 엉겅퀴를 닮았지만 가시가 없다. 잎 뒷면이 흰색의 털로 덮여 있고, 군락을 이루지 않고 한 포기씩 별도로 자란다. 곧게 솟아오르는 줄기의 가지 끝마다 연한 분홍색의 꽃이 위를 향해 피어난다. 흰꽃이 피는 흰지칭개도 있다.

❶학명_Hemistepta lyrata
❷분류군_국화과
❸자생지_논밭, 길가
❹분포_전국
❺개화시기_5~7월
❻꽃색_홍자색
❼꽃크기_약 2.5cm
❽전초외양_직립형
❾전초높이_40~80cm
❿원산지_한국
⓫생태_2년초

엉겅퀴

피를 엉기게 한다 해서 엉겅퀴라는 이름이 붙여졌다고 한다. 산이나 들의 양지바른 곳에서 흔히 자라며, '가시나물'이라고도 한다. 어린순은 나물로 먹고, 가을에 줄기와 잎을 말린 대계(大薊)는 한방에서 이뇨제, 지혈제로 사용한다. 줄기에는 털이 많고, 뿌리잎

은 꽃이 필 때까지 남아 있고 줄기잎보다 크며, 잎에는 톱니와 더불어 가시가 있다.

❶학명_Cirsium japonicum
❷분류군_국화과
❸자생지_논밭, 길가, 산기슭
❹분포_전국
❺개화시기_6~8월
❻꽃색_홍자색
❼꽃크기_약 4cm
❽전초외양_직립형
❾전초높이_50~100cm
❿원산지_한국
⓫생태_다년초

떡쑥

국화과의 두해살이 풀로 들과 밭, 길가에서
흔히 자라며, 잎과 줄기 모두 섬모로 덮여
있어 하얗게 보인다. 줄기는 곧게 자라고,
뿌리잎은 꽃이 필 때 말라 떨어지고, 줄기
잎은 주걱형 또는 거꾸로 세운 바소모양으

로 가장자리가 밋밋
하다. 어린잎은 나물
이나 떡에 넣기도 하
고, 말려서 볶아 차
로도 이용한다.

❶학명_Gnaphalium affine
❷분류군_국화과
❸자생지_산이나 들
❹분포_전국
❺개화시기_5~7월
❻꽃색_황색
❼꽃크기_약 3mm
❽전초외양_직립형
❾전초높이_15~40cm
❿원산지_한국
⓫생태_2년초

개망초

개망초도 북아메리카 원산의 귀화식물이다. 번식력이 워낙 좋아 한번 밭에 퍼지면 농사를 망친다 하여 개망초라는 이름을 얻었다고 한다. 풀 전체에 털과 가지가 많다. 뿌리잎은 꽃이 피면 시들고, 줄기잎은 어긋

나며 긴 타원형으로 가장자리에 톱니가 있다. 봄에 연한 잎은 식용한다.

❶학명_Erigeron annuus
❷분류군_국화과
❸자생지_길가 등의 거친 땅
❹분포_전국
❺개화시기_7~9월
❻꽃색_백색
❼꽃크기_약 2cm
❽전초외양_직립형
❾전초높이_30~100cm
❿원산지_북아메리카
⓫생태_1~2년초

도라지

동아시아 원산으로 전국의 산과 들에서 볼 수 있고, 산간 구릉지가 많은 경북 북부와 강원도 등지에서는 재배도 많이 하는 다년 생의 숙근초이다. 보라색, 또는 백색의 꽃을 피우고, 줄기는 상처를 입으면 흰 유액을 분비한다. 잎은 돌려나거나 어긋나고, 타원형으로 가장자리에 톱니가 있다. 뿌리는 나물로 먹기도 하고, 말려서 한방으로 쓰기도 한다. 나물로 먹을 때는 물에 담가 수용성의 사포닌을 제거해야 아린 맛이 없다.

❶학명_Platycodon grandiflorum
❷분류군_초롱목과
❸자생지_산과 들
❹분포_전국
❺개화시기_7~8월
❻꽃색_보라색, 백색
❼꽃크기_5~7cm
❽전초외양_직립형
❾전초높이_50~100cm
❿원산지_동아시아
⓫생태_다년초

잔대

말린 뿌리는 예로부터 사삼(沙蔘)이라 해 민간보약으로 널리 사용되었는데, 산삼(山蔘), 현삼(玄蔘), 고삼(苦蔘), 단삼(丹蔘)과 함께 다섯 가지 삼의 하나로 꼽아 왔다. 풀 종류 중 오래 사는 식물의 하나로 수백 년 묵은 것이 발견되기도 한다. 뿌리가 도라지처럼 희고 굵으며, 원줄기에는 전체적으로 잔털이 있다. 뿌리잎은 꽃이 필 때 시들어 떨어지고, 줄기잎은 돌려나며 가장자리에 톱니가 있다. 어린잎은 식용한다.

❶학명_Adenophora triphylla var.
❷분류군_초롱목과
❸자생지_산과 들
❹분포_전국
❺개화시기_7~9월
❻꽃색_청자색
❼꽃크기_약 2cm
❽전초외양_직립형
❾전초높이_40~120cm
❿원산지_한국
⓫생태_다년초

뚝갈

마타리과의 여러해살이풀로 마타리와 비슷하나, 마타리는 노란색 꽃이 피고 줄기에 털이 없다는 점이 뚝갈과 다르다. 산과 들의 양지바른 곳에서 자란다. 흰털이 덮인  줄기는 직립하고, 잎은 마주나며 타원형으로 깃꼴로 갈라지고 가장자리에 톱니가 있다. 어린순은 나물로 먹고, 뿌리는 패장 (敗醬)이란 약재로 쓴다.

❶학명_Patrinia villosa
❷분류군_마타리과
❸자생지_산과 들의 풀밭
❹분포_전국(울릉도 제외)
❺개화시기_7~8월
❻꽃색_백색
❼꽃크기_약 4mm
❽전초외양_직립형
❾전초높이_약 1m
❿원산지_한국
⓫생태_다년초

마타리

전국의 산이나 들의 양지바른 곳에서 자란다. 줄기는 곧게 자라고 털이 없는 점이 뚝갈과 다르다. 잎은 마주나고 깃꼴로 깊게 갈라져 있으며, 양면에 복모가 있다. 더위가 극심할 때 노란 꽃을 피운다. 마타리의  뿌리도 패장(敗醬)이라 하며, 말려서 약용으로 사용한다. 패장은 마른뿌리에서 간장 썩은 냄새가 난다 해 붙여진 이름이다.

❶학명_Patrinia scabiosaefolia
❷분류군_마타리과
❸자생지_양지바른 산과 들
❹분포_전국
❺개화시기_7~8월
❻꽃색_황색
❼꽃크기_3~4mm
❽전초외양_직립형
❾전초높이_1~1.5m
❿원산지_한국
⓫생태_다년초

계요등

닭오줌 냄새가 나는 나무라 하여 계요등(鷄尿藤)이란 이름이 붙여졌다. 중부 이남의 산기슭 양지바른 곳이나 바닷가 풀밭에 자라는 낙엽덩굴성 나무이지만, 풀의 성질을 갖

고 있다. 겨울에는 줄기 위쪽이 죽는다. 어린가지에는 잔털이 있으며 독특한 냄새가 나고, 잎은 마주나며 달걀형이고 밋밋하다.

❶학명_Paederia scandens var.
❷분류군_꼭두서니과
❸자생지_산기슭, 강둑
❹분포_중부 이남
❺개화시기_7~9월
❻꽃색_백색
❼꽃크기_1~2cm
❽전초외양_덩굴형
❾전초높이_5~7m(덩굴의 길이)
❿원산지_동남아시아
⓫생태_다년초

꼭두서니

우리나라 전국의 들과 산, 인가 근처에서
흔히 자라는 덩굴풀이다. 예로부터 뿌리는
붉은 염료를 얻는 식물로 쓰였으나, 화학염
료가 개발된 이후에는 쓰이질 않는다. 줄기

는 네모지고 밑으로 짧
은 가시가 있으며 잎은
심장형으로 돌아나며 끝
이 뾰족하고 가장자리에
잔가시가 있다. 뿌리는
통통하고 붉은빛이 난다.

❶학명_Rubia akane
❷분류군_꼭두서니과
❸자생지_산지의 숲
❹분포_전국
❺개화시기_7~8월
❻꽃색_담녹색
❼꽃크기_3.5~4mm
❽전초외양_덩굴형
❾전초높이_1~2m(덩굴의 길이)
❿원산지_한국
⓫생태_다년초

솔나물

전국의 들에서 흔히 자란다. 흰 꽃이 피는
것을 '흰솔나물', 씨방에 털이 있는 것을 '털
솔나물', 연한 노란빛을 띤 녹색 꽃이 피는
것을 '개솔나물', 잎에 털이 많은 것을 '털잎
솔나물', 노란 꽃에다 씨방에 털이 있는 것

을 '흰털솔나물'이라 한다.
줄기는 곧게 자라며 마디
에 털이 있고, 잎은 선형
으로 끝이 뾰족하고 뒤편
에 털이 있다.

❶학명_Galium verum var.
❷분류군_꼭두서니과
❸자생지_산지의 숲
❹분포_전국
❺개화시기_6~8월
❻꽃색_백색, 황색
❼꽃크기_약 2.5mm
❽전초외양_직립형
❾전초높이_70~100cm
❿원산지_한국
⓫생태_다년초

주름잎

현삼과의 한해살이풀로, 밭이나 습한 곳에
서 자라며 전체에 털이 있다. 잎은 마주 달
리고, 계란을 거꾸로 세운 모양, 또는 긴
타원상 주걱형으로 가장
자리에 둔한 톱니가 있
다. 꽃은 연한 자주색으
로 핀다. 잎자루가 위로
가면서 짧아지고 주름살
이 지는 특색이 있어, 주
름잎이란 이름이 생겼다.

❶학명_Mazus japonicus
❷분류군_현삼과
❸자생지_밭, 길가
❹분포_전국
❺개화시기_5~8월
❻꽃색_담홍자색
❼꽃크기_5~10mm
❽전초외양_직립형
❾전초높이_5~20cm
❿원산지_한국
⓫생태_1년초

석잠풀

산과 들의 습지에서 자란다. 땅속줄기는 옆으로 길게 뻗어 번식하며, 줄기는 곧게 서고 사각형이며 아래로 향한 털이 있다. 잎은 마주나고, 바소꼴로 끝이 뾰족하며, 가장자리에 톱니가 있고, 양면에 털이 있다. 꽃은 줄기 끝에 층층으로 달리는 이삭화서 모양으로 피운다. 줄기의 모서리와 잎 뒷면의 주맥에 털이 있는 것을 '개석잠풀', 전체에 털이 많은 것을 '털석잠풀'이라 한다.

❶학명_Stachys japonica
❷분류군_꿀풀과
❸자생지_들의 습지
❹분포_전국
❺개화시기_6~9월
❻꽃색_담홍색
❼꽃크기_1.2~1.5cm
❽전초외양_직립형
❾전초높이_30~60cm
❿원산지_한국
⓫생태_다년초

익모초

전국의 들이나 밭, 인가 주변 등 습기가 있
는 곳에서 자란다. 예로부터 부드러운 순과
잎을 찧어 먹었고, 여름 더위병이나 식욕증
진에 약효가 있어 민간약재로 쓰였다. 줄기

는 사각형이고 흰 털
로 덮여 있으며, 줄기
잎은 3갈래로 자라서,
다시 깃꼴로 2~3개가
갈라지며 가장자리에
톱니가 있다.

❶학명_Leonurus sibiricus
❷분류군_꿀풀과
❸자생지_들의 습지
❹분포_전국
❺개화시기_7~8월
❻꽃색_담홍자색
❼꽃크기_약 1cm
❽전초외양_직립형
❾전초높이_약 1m
❿원산지_한국
⓫생태_2년초

마편초

남쪽지방과 남해의 섬에서 자란다. 유럽에
서는 중세시대부터 병이나 불행을 막아주
는 신성한 약초로 여겨왔다. 원줄기는 사각

형이고 곧게 서며, 상
부에 많은 가지가 갈
라지고, 거친 잔털이
두루 있다. 잎은 서로
마주나고, 날개깃처럼
갈라지고, 뒷면은 맥
이 융기해 있다.

❶학명_Verbena officinalis
❷분류군_꿀풀과
❸자생지_해안의 들, 길가
❹분포_남부지방
❺개화시기_7~8월
❻꽃색_담홍자색
❼꽃크기_약 4mm
❽전초외양_직립형
❾전초높이_30~60cm
❿원산지_한국
⓫생태_1~2년초

메꽃

묵은 논밭이나 풀밭, 길가에서 흔히 자라는 여러해살이 덩굴풀로, 하얀 뿌리줄기가 왕성하게 자라면서 군데군데 덩굴성 줄기가 자란다. 잎은 어긋나고 타원상 바소꼴이며, 양쪽 끝에 귀 같은 돌기가 있다. 6~8월에 잎겨드랑이에서 꽃줄기가 나와 연한 홍색의 꽃을 피운다. 메꽃 뿌리는 허약한 체질을 바꾸는 데 상당한 효력이 있어, 특히 어린이나 노인들의 체력을 증강시키는 데 효과가 좋다.

❶학명_Calystegia japonica
❷분류군_메꽃과
❸자생지_담밑, 공휴지, 길가
❹분포_전국
❺개화시기_6~8월
❻꽃색_담홍색
❼꽃크기_약 5cm
❽전초외양_덩굴형
❾전초높이_환경에 따라 다르다
❿원산지_한국
⓫생태_다년초

박주가리

여러해살이 덩굴식물이다. 줄기나 잎을 자르면 흰 액체가 나오는데, 약간의 독성이 있어 곤충에게는 치명적이라 한다. 지하줄기를 뻗어 번식하고, 잎은 마주나며 약간 두꺼운 편이고, 가장자리는 매끈하다. 꽃은 잎겨드랑이에서 별모양으로 뒤로 도르르 말리며 털이 있다. 덩굴식물은 식물종마다 감아올리는 방향이 일정한데 박주가리, 인동, 등나무 등은 시계방향이고, 메꽃, 칡, 나팔꽃 등은 시계반대방향으로 감아올린다.

❶학명_Metaplexis japonica
❷분류군_박주가리과
❸자생지_산과 들
❹분포_전국
❺개화시기_7~8월
❻꽃색_백색
❼꽃크기_4~5mm
❽전초외양_덩굴형
❾전초높이_약 3m(덩굴 길이)
❿원산지_한국
⓫생태_다년초

사상자

사상자(蛇床子)라는 이름은 뱀이 이 풀 아래에 눕기를 좋아한다 하여 붙여진 이름이란다. 그래서 이 풀을 '뱀도랏'이라고도 한다. 풀밭에서 흔히 자라며, 전체에 눈털이 나고 줄기는 곧게 선다. 잎은 어긋나고 3장의 작은 잎이 나온 잎이 2회 깃꼴로 갈라진다. 봄에 어린순을 나물로 먹기도 한다. 한방에서는 열매를 따서 햇볕에 말린 것을 사상자라 하여, 수렴제나 소염제로 쓰고 있으며, 무좀 치료에도 쓴다.

❶학명_Torilis japonica
❷분류군_산형과
❸자생지_산기슭, 풀밭
❹분포_중부 이남
❺개화시기_6~8월
❻꽃색_백색
❼꽃크기_약 5mm
❽전초외양_직립형
❾전초높이_30~70cm
❿원산지_한국
⓫생태_2년초

미나리

미나리는 크게 물미나리와 돌미나리로 구분된다. 물미나리는 논에서 재배되어 논미나리라고도 하고, 줄기가 길며 상품성이 높고, 보통 미나리라 칭하는 것이다. 이에 비해 돌미나리는 본래 계곡의 샘터나 들의 습지, 물가에 야생하는 것으로 논미나리에 비해 짧고 잎사귀가 많다. 줄기 밑부분에서 가지가 갈라져 옆으로 퍼지고, 마디에서 뿌리를 내려 번식한다. 줄기는 털이 없고, 독특한 풍미의 향이 있다.

❶학명_Oenanthe javanica
❷분류군_산형과
❸자생지_습지, 물가
❹분포_전국
❺개화시기_7~9월
❻꽃색_백색
❼꽃크기_약 5mm
❽전초외양_직립형
❾전초높이_20~50cm
❿원산지_한국
⓫생태_다년초

달맞이꽃

남아메리카 원산의 두해살이 귀화식물로 전 국의 산과 들, 길가에서 자란다. 줄기는 곧 고 굵으며 잔털이 있고, 뿌리잎은 방석모양 으로 펼쳐지고, 줄기잎은 선형으로 어긋나며 끝이 뾰족하고 가장자 리에 잔 톱니가 있다. 꽃은 잎겨드랑이에서 한 송이씩 저녁에 피었다 가, 아침에는 조금 붉 은 빛을 띠며 진다.

❶학명_Oenothera stricta
❷분류군_바늘꽃과
❸자생지_산과 들, 길가
❹분포_전국
❺개화시기_7월
❻꽃색_황색
❼꽃크기_ 2~3cm
❽전초외양_직립형
❾전초높이_50~90cm
❿원산지_남아메리카
⓫생태_2년초

바늘꽃

산과 들의 습지나 물가에 사는 여러해살이 풀로, 땅속줄기가 옆으로 길게 뻗는다. 줄기는 곧게 서고 윗부분에 선모가 있다. 잎은 마주나고 달걀모양의 바소꼴로 가장자리에

불규칙한 톱니가 있으며, 가을에는 붉게 단풍이 든다. 꽃은 7~8월에 옅은 홍자색으로 줄기 윗부분 잎겨드랑이에 1개씩 달린다.

❶학명_Epilobium pyrricholophum
❷분류군_바늘꽃과
❸자생지_물가, 습지
❹분포_전국
❺개화시기_7~8월
❻꽃색_홍자색
❼꽃크기_1~1.3cm
❽전초외양_직립형
❾전초높이_30~90cm
❿원산지_한국
⓫생태_다년초

마름

물위에 떠서 자라는 수생관엽식물이다. 뿌리는 물밑의 진흙 속에 내리며, 물위까지 자란 줄기 끝에 많은 잎들이 달린다. 잎은 마름모꼴로 길이보다 너비가 더 길며, 가장자리에는 톱니들이 있고, 가운데가 부풀어

있어 잎이 물위에 떠 있게 해준다. 꽃은 물위에 나와 있는 잎겨드랑이에 1송이씩 핀다.

❶학명_Trapa japonica
❷분류군_마름과
❸자생지_연못, 늪
❹분포_전국
❺개화시기_7~8월
❻꽃색_백색, 담홍색
❼꽃크기_약 1cm
❽전초외양_직립형
❾전초높이_수심에 따라 다르다
❿원산지_한국
⓫생태_1년초

부처꽃

냇가, 연못 등 습한 지역에서 무리지어 피어나는 여름꽃으로, 한국 전역에서 볼 수 있다. 음력 7월 15일, 백중날 부처님께 이 꽃을 바친 데서 이름이 유래했다. 전국의

산 언저리, 계곡, 들, 냇가 등 물기가 많은 곳에서 자란다. 줄기는 곧고, 가지가 많이 갈라진다.

❶학명_Lythrum anceps
❷분류군_부처꽃과
❸자생지_계곡 등의 습지
❹분포_전국
❺개화시기_7~8월
❻꽃색_홍자색
❼꽃크기_7~8mm
❽전초외양_직립형
❾전초높이_80~100cm
❿원산지_한국
⓫생태_다년초

괭이밥

열매를 고양이가 잘 뜯어 먹는다 하여 붙은 이름이란다. 뿌리에서 여러 대의 줄기가 모여 나오는데, 흔히 땅을 기거나 비스듬히 위로 자란다. 어긋나게 달리는 잎은 3출엽으로 하트 모양이다. 잎겨드랑이에서 나온  꽃줄기 끝에 노란색 꽃이 달린다. 꽃은 오래도록 피는데, 잎과 꽃은 날이 흐리거나 밤이 되면 오므라든다.

① 학명_Oxalis corniculata
② 분류군_괭이밥과
③ 자생지_길가, 빈터
④ 분포_전국
⑤ 개화시기_6~8월
⑥ 꽃색_황색
⑦ 꽃크기_7~8mm
⑧ 전초외양_포복형
⑨ 전초높이_10~30cm
⑩ 원산지_한국
⑪ 생태_다년초

이질풀

전국의 산야, 길가 등에서 흔히 자라며, 예로부터 이질에 특효가 있다 해서 이질풀이라 불렀다. 줄기는 옆으로 비스듬히 자라거나 기듯이 뻗으며 자라고, 줄기 전체에 털이 많다. 손바닥 모양의 잎은 마주나고 3~5개로 갈라지며, 잎 뒷면에 검은색 무늬와 털이 있다.

❶학명_Geranium thunbergii
❷분류군_쥐손이풀과
❸자생지_산과 들, 길가
❹분포_전국
❺개화시기_6~8월
❻꽃색_백색~홍색
❼꽃크기_1~1.5cm
❽전초외양_포복형
❾전초높이_약 50cm
❿원산지_한국
⓫생태_다년초

활나물

다소 건조한 풀밭이나 들에서 볼 수 있다. 줄기는 곧고 잎의 표면을 제외하고는 전초에 털이 있다. 잎은 넓은 선형 또는 피침형으로 어긋나고 끝이 뾰족하거나 둔하다. 꽃은 가지 끝에 수상으로 달리고 꽃과 열매를 감싸며, 겉에 갈색 털이 밀생해 꽃잎이 꽃받침보다 작다.

❶학명_Crotalaria sessiliflora
❷분류군_콩과
❸자생지_산과 들, 풀밭
❹분포_전국
❺개화시기_7~9월
❻꽃색_청자색
❼꽃크기_약 1cm
❽전초외양_직립형
❾전초높이_20~70cm
❿원산지_한국
⓫생태_1년초

매듭풀

길가나 들 또는 하천가 등 해가 잘 드는 곳에서 흔히 볼 수 있다. 줄기는 곧게 서고, 가지는 가늘게 갈라져 옆으로 자라는데 아래쪽을 향한 잔털이 있다. 잎은 어긋나며 3개의 작은 잎이 모여 있다. 꽃은 잎겨드랑이에 모여 핀다. 연하고 영양분이 많아 가축의 먹이로 많이 쓰인다.

❶학명_Kummerowia striata
❷분류군_콩과
❸자생지_길가, 하천가
❹분포_전국
❺개화시기_8~9월
❻꽃색_담홍색
❼꽃크기_약 1cm
❽전초외양_포복형
❾전초높이_10~30cm
❿원산지_한국
⓫생태_1년초

비수리

언뜻 보기에 싸리나무를 닮았으며, 시골에서 빗자루를 만드는 데 쓰기도 한다. 저수지 둑 같은 곳에 무리지어 자라며, 산사태를 막기 위해 일부러 심기도 한다. 비수리를 야관문(夜觀門)이라고도 하는데, '밤에 빗장을 열어주는 약초'라는 뜻으로, 술을 담가 마시면 양기부족에 탁월한 효과가 있다고 한다. 또 파충류나 곤충이 싫어하는 냄새가 나서 비수리 근처에는 뱀, 개구리, 곤충 같은 것이 가까이 오지 않는다.

① 학명_Lespedeza cuneata
② 분류군_콩과
③ 자생지_산기슭, 하천 둑
④ 분포_전국
⑤ 개화시기_7~8월
⑥ 꽃색_백색에 자색선
⑦ 꽃크기_6~7mm
⑧ 전초외양_직립형
⑨ 전초높이_50~100cm
⑩ 원산지_한국
⑪ 생태_다년초

토끼풀

유럽과 북아메리카가 원산지로, 콩과의 여러해살이 풀이다. 우리나라에서도 농가나 부락 주변에서 자라는 것을 쉽게 볼 수 있어서 적응성이 강한 풀이다. 뿌리를 깊이 내려 한파에는 강하지만, 가뭄과 장마에는 조금 약하다. 줄기는 지표면을 기면서 각 마디에서 뿌리를 내린다. 잎은 3출복엽으로 가장자리에 톱니가 있고, 중간에 V자형의 흰무늬가 있다. 꽃이 흰색이라 일반적으로 '화이트클로버'라 부른다.

❶학명_Trifolium repens L.
❷분류군_콩과
❸자생지_풀밭, 길가
❹분포_전국
❺개화시기_6~8월
❻꽃색_백색
❼꽃크기_8~12mm
❽전초외양_포복형
❾전초높이_20~60cm
❿원산지_유럽, 북아메리카
⓫생태_다년초

오이풀

잎을 자르면 상큼한 오이냄새가 나기 때문에 붙여진 이름이다. 전국의 산야나 평지에서 자란다. 지면 위까지 올라온 뿌리에서 원줄기가 끝이 뾰족한 원뿔 모양으로 곧게 서고, 윗부분에서 가지가 갈라진다. 잎은 어긋난 깃꼴겹잎으로, 작은 잎은 긴 타원형이며 가장자리에 톱니가 있고, 줄기잎은 작아지며 대가 없어진다. 암적색의 꽃을 꽃차례의 밑에서부터 계속 피우는 모습이 아름다워, 꽃꽂이용으로도 많이 사용된다.

❶학명_Sanguisorba officinalis
❷분류군_장미과
❸자생지_산과 들
❹분포_전국
❺개화시기_7~9월
❻꽃색_암적자색
❼꽃크기_1~2cm
❽전초외양_직립형
❾전초높이_35~100cm
❿원산지_한국
⓫생태_다년초

짚신나물

가을에 익는 열매의 윗머리에 갈고리 가시들이 있어, 사람의 옷이나 동물의 가죽에 잘 달라붙는다. 윗부분이 5개로 갈라진 꽃  에도 갈고리 같은 털이 있어서 성숙하면 다른 물체에 잘 붙는다. 줄기는 높이 최고 1m까지 자라며, 전체에 털이 나 있고, 끝에서 가지가 갈라진다. 꽃은 가지 끝에 총상꽃차례를 이룬다.

❶학명_Agrimonia pilosa
❷분류군_장미과
❸자생지_들, 길가
❹분포_전국
❺개화시기_6~8월
❻꽃색_황색
❼꽃크기_7~10mm
❽전초외양_직립형
❾전초높이_35~100cm
❿원산지_한국
⓫생태_다년초

딱지꽃

전국 각지의 들이나 바닷가 풀밭에서 흔히
자란다. 굵은 뿌리에서 자주색을 띤 여러
개의 줄기가 모여 나고, 뿌리에서 바로 나
오는 잎은 땅 위에 퍼지며 자란다. 줄기잎

은 어긋난 깃꼴
로 갈라져 있으며,
잎 뒷면에는 흰
털이 빽빽하게 나
있다. 꽃은 가지
끝에 모여 핀다.

❶학명_Potentilla chinensis
❷분류군_장미과
❸자생지_하천, 해안의 모래밭
❹분포_전국
❺개화시기_6~7월
❻꽃색_황색
❼꽃크기_약 13mm
❽전초외양_포복형
❾전초높이_30~60cm
❿원산지_한국
⓫생태_다년초

기린초

산지의 바위틈에서 자라는 여러해살이풀로,
척박한 환경에도 잘 자라는 식물이다. 뿌리
줄기는 굵고, 원줄기 가운데서 줄기가 뭉쳐
나며 원기둥 모양이다. 줄기와 잎은 두텁고
강하게 생겼으며, 잎 가장자리에는 톱니가

있다. 노란색의 별
모양을 한 꽃들이
옹기종기 모여 피
어 하나의 꽃봉오
리처럼 보인다.

❶학명_Sedum kamtschaticum
❷분류군_돌나물과
❸자생지_건조한 바위틈
❹분포_경북, 충북 이북
❺개화시기_6~7월
❻꽃색_황색
❼꽃크기_1~2cm
❽전초외양_포복형
❾전초높이_5~30cm
❿원산지_한국
⓫생태_다년초

애기똥풀

마을 근처 길가나 풀밭에 서식하는 두해살
이풀이다. 줄기는 가지가 많이 갈라지고 속
이 비어 있으며, 줄기
와 잎에는 흰빛이 돌
지만 나중에 없어지
고, 꺾으면 노란색의
유액이 나온다. 잎은
어긋나고 깊게 갈라
지며, 가장자리에 둔
한 톱니가 있다.

❶학명_Chelidonium majus var.

❷분류군_양귀비과

❸자생지_풀밭

❹분포_전국

❺개화시기_6~8월

❻꽃색_황색

❼꽃크기_약 2cm

❽전초외양_직립형

❾전초높이_30~80cm

❿원산지_한국

⓫생태_2년초

쇠비름

길가나 빈터, 인가 주변에서 흔히 자란다. 줄기는 육질로 원주형이고, 전초에 털이 없고 매끈하다. 줄기는 적갈색을 띠고 비스듬이 자라며, 잎은 긴 타원형이고 끝이 둥글고 밑 부분이 좁아지며 가장자리가 밋밋하고 붉게 물든다. 꽃은 황색으로, 6월부터 가을까지 계속해서 핀다. 줄기와 잎은 삶아 나물로 먹는다.

❶학명_Portulaca oleracea
❷분류군_쇠비름과
❸자생지_밭, 길가, 인가 주변
❹분포_전국
❺개화시기_6~9월
❻꽃색_황색
❼꽃크기_6~8mm
❽전초외양_포복형
❾전초높이_약 30cm
❿원산지_한국
⓫생태_1년초

명아주

명아주는 땅에 홀로 자랄 때는 보잘것없는 야생초이지만, 줄기를 말려 만든 청려장(靑藜杖)은 가볍고 단단해 최고의 지팡이로 친다. 청려장은 중풍을 예방하는 효과가 있다고 하는데, 울퉁불퉁한 표면이 손바닥을 자극하면서 지압효과를 낸다.

❶학명_Chenopodium album var.

❷분류군_명아주과

❸자생지_밭, 길가

❹분포_전국

❺개화시기_6~8월

❻꽃색_황록색

❼꽃크기_약 1mm

❽전초외양_직립형

❾전초높이_약 1m

❿원산지_한국

⓫생태_1년초

함초

맛이 몹시 짜서 염초(鹽草)라 부르기도 하며, 희귀하고 신령스런 풀로 여겨 신초(神草)라고도 한다. 봄부터 여름까지 줄기와 가지가 녹색이다가, 가을이 되면 진한 빨강으로 물든다. 함초는 육지에서 자라지만, 바닷물 속의 모든 미네랄을 농축해 함유하고 있다. 소금기가 많은 흙일수록 잘 자라면서도 바닷물에 잠기면 죽는다. 함초의 생즙은 간장처럼 짜지만, 한 잔을 다 마셔도 목이 마르지 않을 만큼 생명체에 유익한 소금이다.

❶학명_Salicornia europaea.
❷분류군_미지정종
❸자생지_해안의 염습지
❹분포_서해안, 남해안
❺개화시기_8~9월
❻꽃색_담홍색
❼꽃크기_약 1mm
❽전초외양_직립형
❾전초높이_10~30cm
❿원산지_불명
⓫생태_1년초

참소리쟁이

들이나 집 근처의 다소 습한 곳에서 자라
는 여러해살이풀이다. 뿌리는 노란색으로
무같이 굵고 길며, 줄기에는 세로줄이 있다.
뿌리잎은 모여 나고, 가장자리가 물결 모양
이다. 줄기잎은 어긋나고 올라갈수록 작아

지며 털이 없다.
꽃은 담녹색으로
총상꽃차례를 이루
며, 가지나 줄기
끝에 달린다.

❶학명_Rumex japonicus
❷분류군_마디초과
❸자생지_습한 밭둑, 길가
❹분포_전국
❺개화시기_5~7월
❻꽃색_담녹색
❼꽃크기_약 3mm
❽전초외양_직립형
❾전초높이_40~100cm
❿원산지_한국
⓫생태_다년초

여뀌

줄기는 곧게 자라고, 가지가 많이 갈라지며 털이 없다. 어긋나게 달리는 잎은 잎자루가 없는 피침형으로, 양끝이 좁고 표면에 털이 거의 없다. 가장자리는 밋밋하고 뒷면에 선점이 산재한다. 6~9월에 가지나 줄기 끝에서 붉은빛을 띠는 백록색의 꽃이 수상꽃차례로 달린다. 꽃잎은 없고, 화피는 4~5개로 갈라진다. 수술 6개, 암술대 2개가 있다. 열매는 꽃받침에 싸여 검게 익는다. 꽃, 잎, 열매 등을 씹으면 매운맛이 난다.

❶학명_Persicaria hydropiper
❷분류군_마디초과
❸자생지_덤불, 숲 가장자리
❹분포_전국
❺개화시기_6~9월
❻꽃색_붉은 백록색
❼꽃크기_2.5~4mm
❽전초외양_직립형
❾전초높이_40~80cm
❿원산지_한국
⓫생태_1년초

삼백초

삼백초는 잎과 꽃, 뿌리 등 세 부분이 백색이라 붙여진 이름이다. 희귀 및 멸종 위기식물로 보호하고 있다. 산지의 응달진 습지나 풀밭 등에서 자라고, 지하줄기는 옆으로 뻗어 번식한다. 잎은 난상타원형으로 어긋나며 가장자리가 밋밋하고, 표면은 연녹색이고, 뒷면은 연백색이다. 백색의 꽃이 수상꽃차례를 이루며 달린다.

❶학명_Saururus chinensis
❷분류군_삼백초과
❸자생지_습지, 물가
❹분포_남부지방
❺개화시기_6~8월
❻꽃색_백색
❼꽃크기_약 1mm
❽전초외양_직립형
❾전초높이_30~60cm
❿원산지_한국, 중국, 일본
⓫생태_다년초

문주란

제주도의 토끼섬에서만 자라서 천연기념물 제19호로 지정·보호되고 있는 식물이다. 연평균 기온이 15°C 넘는 곳에서만 자란다. 비늘줄기는 하얗고 이 비늘줄기에서 잎들이 나온다. 잎은 조금 두껍고 광택이 나는

데, 잎이 길어 중간 이상 부위는 아래로 처진다. 꽃은 산형꽃차례로 달리고, 향이 있다.

❶학명_Crinum asiaticum var.
❷분류군_수선화과
❸자생지_해안의 모래밭
❹분포_제주도 토끼섬
❺개화시기_7~9월
❻꽃색_백색
❼꽃크기_7~8.5cm
❽전초외양_직립형
❾전초높이_30~70cm
❿원산지_아프리카, 아메리카
⓫생태_다년초

무릇

봄철에 어린잎과 비늘줄기는 나물로 먹는다. 땅속 비늘줄기는 알 모양으로 봄과 가을에  두 차례 잎이 나오는데, 봄 잎은 여름에 말라버리고 가을에 새잎이 나온다. 비늘줄기에서 긴 꽃줄기가 나와 총상꽃차례를 이루며 꽃이 달린다.

① 학명_Scilla scilloides
② 분류군_백합과
③ 자생지_초지, 산기슭
④ 분포_전국
⑤ 개화시기_7~9월
⑥ 꽃색_담자색
⑦ 꽃크기_3~4mm
⑧ 전초외양_직립형
⑨ 전초높이_20~50cm
⑩ 원산지_한국
⑪ 생태_다년초

참나리

나리 종류는 야생종과 원예종 합쳐 300여
종이 넘는데, 이러한 나리류 중 꽃이 크
고 가장 아름다워 '진짜 나리'란 의미로
참나리라 부른다. 꽃이 아름다운 반면 향
은 없다. 잎은 피침형으로 줄기에 다다다
닥 달리고, 엽액에 갈색의 주아(잎이나 줄
기가 변해서 구슬 모양으로 자라난 것)가 달
린다. 한여름에 꽃필 무렵, 생장점이 있
는 엽액에 붙어 있다 땅에 떨어져 싹을
틔워 번식한다.

① 학명_Lilium lancifolium
② 분류군_백합과
③ 자생지_초지, 밭둑
④ 분포_전국
⑤ 개화시기_7~8월
⑥ 꽃색_등적색
⑦ 꽃크기_10~12cm
⑧ 전초외양_직립형
⑨ 전초높이_1~2m
⑩ 원산지_한국
⑪ 생태_다년초

원추리

예부터 봄의 대표적 산나물의 하나이다. 고구마처럼 굵어지는 덩이줄기가 뿌리 끝에 달리며, 긴 선형의 잎은 2줄로 마주나고 잎 끝이 뒤로 젖혀진다. 노란색 꽃은 하루가 지나면 시들고 만다.

❶학명_Hemerocallis littorea
❷분류군_백합과
❸자생지_산과 들
❹분포_전국
❺개화시기_6~7월
❻꽃색_등황색
❼꽃크기_9~10cm
❽전초외양_직립형
❾전초높이_약 1m
❿원산지_한국
⓫생태_다년초

곤달비

키가 커서 멀리서도 잘 보인다. 여름 무렵에 피는 노란색 꽃으로는 곰취 등 크기도 비슷한 식물들이 있는데, 꽃과 잎의 형태로 구분할 수 있다. 꽃은 밑에서부터 순서대로

피며, 맨 끝에 꽃이 필 무렵에는 아래쪽 꽃이 시든다.

1. 학명_Ligularia stenocephala
2. 분류군_국화과
3. 자생지_깊은 산속 습지
4. 분포_전국
5. 개화시기_6~8월
6. 꽃색_황색
7. 꽃크기_2~3cm
8. 전초외양_직립형
9. 전초높이_60~100cm
10. 원산지_한국
11. 생태_다년초

우산나물

이른 봄 숲속 낮은 곳에서 얼굴을 내미는 어린순의 모습이 접은 우산과 닮았다고 하여 우산나물이라고 한다. 어린순은 나물로 먹는다. 새싹일 때는 근생엽 1장뿐이지만,

그루가 튼실해지면 꽃대를 세우고 꽃을 피운다. 줄기잎은 2~3장이 붙어 나며, 깊게 패어 있다.

❶학명_Syneilesis palmata
❷분류군_국화과
❸자생지_산지의 숲
❹분포_전국
❺개화시기_7~10월
❻꽃색_황백색
❼꽃크기_8~10mm
❽전초외양_직립형
❾전초높이_50~100cm
❿원산지_한국
⓫생태_다년초

우리나라 산과 들에서

가을에
피는
야생화

고들빼기

자주 볼 수 있는 야생초다. 언뜻 보면 씀바귀를 닮았지만, 씀바귀는 꽃이 여름에 피고 고들빼기는 가을에 핀다. 꽃의 크기도 훨씬 크다. 꽃은 낮 동안 피고, 밤이 되면 닫는다. 흐리거나 비 오는 날에는 피지 않는다. 잎줄기를 자르면 끈끈한 유액이 나오며, 꽃은 옅은 황색으로 가장자리가 옅은 자색을 띤다. 봄에 미각을 자극하는 나물로도 사용되고, 위궤양이나 만성위염에 효과가 있어 약용으로도 쓰인다.

❶학명_Lactuca indica
❷분류군_국화과
❸자생지_들, 길가
❹분포_전국
❺개화시기_7~10월
❻꽃색_황색
❼꽃크기_약 2cm
❽전초외양_직립형
❾전초높이_1~2m
❿원산지_한국
⓫생태_1~2년초

쇠서나물

줄기나 잎에 적갈색의 가시 같은 잔털이 있어 소의 혀같이 깔깔한 느낌이 들어 '쇠서(소의 혀)나물'이라고 한다. 어린잎은 식용하고 한방에서 설사, 기침 등의 약용으로도  사용한다. 뿌리잎은 꽃이 피면 없어지고, 줄기잎은 어긋나며 피침형으로 줄기를 감싸고 있다.

❶학명_Picris hieracioides var
❷분류군_국화과
❸자생지_들, 길가
❹분포_전국
❺개화시기_6~10월
❻꽃색_황색
❼꽃크기_2~2.5cm
❽전초외양_직립형
❾전초높이_30~100cm
❿원산지_한국
⓫생태_1~2년초

뚱딴지

북아메리카 원산으로 '돼지감자'라고도 한
다. 인가 주변에서 야생으로 자라며, 일부에
서는 가축의 사료로 쓰기 위해 심기도 한
다. 땅속줄기의 끝이 굵어져 덩이줄기가 발
달하는데, 유럽에서는 요리용 야채로 쓰기
도 한다. 잎은 마주나고 긴타원형으로 가장
자리에 톱니가 있고, 밑부분이 좁아져 날개
처럼 보인다. 덩이줄기는 모양과 크기, 무
게, 색깔도 다양하고 공기에 노출되면 금방
주름이 지고 속살이 파삭해진다.

①학명_Helianthus tuberosus
②분류군_국화과
③자생지_인가 주변
④분포_전국
⑤개화시기_8~10월
⑥꽃색_황색
⑦꽃크기_6~8cm
⑧전초외양_직립형
⑨전초높이_1.5~3m
⑩원산지_북아메리카
⑪생태_다년초

쑥부쟁이

산과 들의 양지바르면서도 습한 곳에서 많이 볼 수 있다. 줄기는 곧게 자라고, 뿌리줄기는 옆으로 길게 뻗으며 번식한다. 세포학적으로 가새쑥부쟁이와 남원쑥부쟁이 사이에서 생긴 잡종이라 한다. 봄에 자주색을 띤 꽃이 눈에 잘 띄어 자채라고도 하며, 뿌리까지 자색을 띠고 있다. 맛이 좋기 때문에, 어릴 때 뿌리까지 채취해 나물로 먹기도 한다. 잎은 긴타원형으로, 표면의 가장자리에 약간의 털이 있다.

❶학명_Kalimeris yomena
❷분류군_국화과
❸자생지_습지, 논밭, 빈터
❹분포_전국
❺개화시기_7~10월
❻꽃색_청자색
❼꽃크기_약 3cm
❽전초외양_직립형
❾전초높이_30~100cm
❿원산지_한국
⓫생태_다년초

미역취

나뭇잎이 하나 둘 떨어지고 겨울을 준비하는 늦가을에 노란 방망이 같은 모습으로 갈색의 산을 밝히는 꽃이다. 어린잎은 나물로 먹는 취나물의 일종이다. 줄기는 곧게 자라고 잔털이 있다. 뿌리잎은 꽃이 피면 떨어지고, 줄기잎은 긴 타원형의 바소꼴로 끝이 뾰족하고 표면에 털이 있으며, 가장자리에 톱니가 있다. 식물체에는 사포닌이란 물질이 있어 약으로 사용되고, 한방에서는 일지황화란 이름의 약재로 쓰인다.

❶학명_Solidago virgaurea var.
❷분류군_국화과
❸자생지_산기슭, 초지
❹분포_전국
❺개화시기_7~10월
❻꽃색_황색
❼꽃크기_1.2~1.4cm
❽전초외양_직립형
❾전초높이_30~80cm
❿원산지_한국
⓫생태_다년초

고마리

고마리는 양지바른 곳을 좋아해 강가, 냇가, 개울가에 군생하고 좀처럼 논으로는 침범하지 않는다. 줄기는 비스듬히 올라가며, 아래로 향한 가시가 있다. 잎은 창형으로 표면에 흑색으로 여덟팔자[八]가 쓰여 있는 것이 특징이다. 꽃은 가지 끝에 10~20개씩 뭉쳐서 달린다. 화경은 매우 짧고, 꽃잎은 없으며, 짧은 털과 대가 있는 선모가 있다. 꽃색은 백색 바탕에다 끝에 붉은빛이 도는 것과 흰빛이 도는 것이 있다.

❶학명_Polygonum thunbergii
❷분류군_마디초과
❸자생지_하천변, 도랑가
❹분포_전국
❺개화시기_8~9월
❻꽃색_백색, 홍색
❼꽃크기_5~6mm
❽전초외양_직립형
❾전초높이_약 1m
❿원산지_한국
⓫생태_1년초

갈대

갈대는 북극에서 열대지방까지 호수나 습지, 개울가를 따라 자라는 여러해살이풀이다. 뿌리줄기의 마디에서 수많은 수염뿌리

가 난다. 잎이 넓은 풀로 깃털모양의 꽃이 무리지어 피며, 줄기는 곧고 매끈하다. 가을 물가에서 날리는 갈대 이삭의 모습은 장관을 이룬다.

❶학명_Phragmites communis
❷분류군_벼과
❸자생지_습지, 냇가
❹분포_전국
❺개화시기_8~9월
❻꽃색_담갈색
❼꽃크기_1~1.7cm
❽전초외양_직립형
❾전초높이_약 3m
❿원산지_한국
⓫생태_1년초

억새

화려한 꽃을 피우지는 못하지만, 갈대와 함께 쓸쓸한 가을의 정취를 대표하는 식물이다. 뭉뚱그려 억새라 부르는 종류는 10가지가 넘을 정도로 다양하다. 뿌리줄기는 모여나고 굵으며 원기둥 모양이고, 잎은 줄 모양인데, 끝으로 갈수록 뾰족해지고 가장자리가 거칠다. 9월에 줄기 끝에 부채꼴 또는 산방꽃차례로 작은 이삭이 촘촘히 달린다. 작은 이삭에는 털이 다발로 나고, 끝에는 까락이 있다.

❶학명_Miscanthus sinensis
❷분류군_벼과
❸자생지_산과 들
❹분포_전국
❺개화시기_9월
❻꽃색_황갈색, 자갈색
❼꽃크기_8~15mm
❽전초외양_직립형
❾전초높이_1~2m
❿원산지_한국
⓫생태_다년초

강아지풀

과거에는 흉년이 들 때 굶주림에서 벗어나기 위해 구황식물로 심어, 그 작은 씨앗을 먹었다. 들이나 밭, 길가 등 어디에서나 잘 자라는 강인한 생장력 때문에 가능했다. 뿌리에서 몇 개의 줄기가 나오고, 잎은 마디마디에 한 장씩 달린다. 줄기 끝에 이삭꽃차례를 이루며 피는 꽃은 약간 긴 털이 있어, 강아지 꼬리처럼 부드럽다. 민간에서는 9월에 뿌리를 말려 구충제로 쓰기도 한다.

❶학명_Setaria viridis
❷분류군_벼과
❸자생지_길가, 들
❹분포_전국
❺개화시기_7~10월
❻꽃색_담녹색
❼꽃크기_2~2.5mm
❽전초외양_직립형
❾전초높이_20~70cm
❿원산지_한국
⓫생태_1년초

삽주

전국 각지의 산지에서 자라는 다년생 초본으로 가을의 정취가 물씬 풍기는 꽃이다. 줄기나 가지 끝에 머리 모양으로 흰색의 꽃이 핀다. 삽주는 새봄에 나는 싹을 산나물로 먹고, 위장을 튼튼하게 하는 것으로 이름난 약초다.

①학명_Atractylodes japonica
②분류군_국화과
③자생지_산지의 숲
④분포_전국
⑤개화시기_9~10월
⑥꽃색_흰색
⑦꽃크기_1~2cm
⑧전초외양_직립형
⑨전초높이_30~60cm
⑩원산지_한국
⑪생태_다년초

단풍취

심산유곡에 피는 운치 있는 꽃으로, 숲속 나무 그늘에서 보면 흰 꽃만 붕 떠 있는 것 같다. 꽃은 줄기 한편으로만 모여 나며, 꽃이 필 무렵에는 옆을 보고 핀다. 잎의 모양은 단풍나무와 닮았고, 가늘고 하얀 꽃이 아름답다.

❶학명_Ainsliaea acerifloia var.
❷분류군_국화과
❸자생지_산지의 숲
❹분포_전국
❺개화시기_8~10월
❻꽃색_흰색
❼꽃크기_약 2cm
❽전초외양_직립형
❾전초높이_40~80cm
❿원산지_한국
⓫생태_다년초

개미취

꽃이 많이 피고 아름다워 관상용으로도 흔히 키운다. 마당이나 시골의 길가 주변에서 많이 볼 수 있다. 뿌리는 기침을 멈추게 하고, 가래를 제거하는 효과가 있다. 꽃은 담자색이며, 암꽃인 설상화와 양성인 노란색 통상화로 이루어져 있다.

❶학명_Aster tataricus
❷분류군_국화과
❸자생지_산지의 초원
❹분포_전국
❺개화시기_8~10월
❻꽃색_담자색
❼꽃크기_약 3cm
❽전초외양_직립형
❾전초높이_1~2m
❿원산지_한국
⓫생태_다년초

멸가치

산지의 나무그늘 등에 머위와 닮은 잎을 펼치며 자란다. 잎 모양이 머위와 닮아서 '개머위'라고도 불리는데, 사실 머위와는 다른 속(屬)이다. 꽃은 흰색 통상화로 이루어져 있다. 열매를 맺는 것은 암꽃뿐이다. 열

매는 방사선 모양이며, 끝이 끈적하고 둥근 털이 있어서 동물 등에게 달라붙어 이동한다.

❶학명_Adenocaulon himalaicum
❷분류군_국화과
❸자생지_산지의 숲
❹분포_전국
❺개화시기_8~10월
❻꽃색_흰색
❼꽃크기_약 5mm
❽전초외양_직립형
❾전초높이_50~80cm
❿원산지_한국
⓫생태_다년초

모시대

산길을 올려다보는 숲 가장자리에서 많이 자라며, 비스듬히 자란 줄기 끝에 보라색 꽃을 피운다. 꽃차례의 꽃자루는 아래쪽일 수록 길어지며, 위쪽의 꽃자루는 짧다. 꽃은 끝이 넓은 종 모양이고, 화관은 끝이 뒤로 젖혀진다. 꽃입은 넓은 종 모양이며 5갈래로 찢어진다. 암술대는 아주 조금만 밖에 삐져나온 것이 특징이다. 꽃색은 처음 필 무렵의 색깔이 가장 짙고, 장소에 따라 조금씩 농담이 다르다.

❶학명_Adenophora remotiflora
❷분류군_도라지과
❸자생지_산지의 숲
❹분포_전국
❺개화시기_8~9월
❻꽃색_흰색
❼꽃크기_2~3cm
❽전초외양_직립형
❾전초높이_50~100cm
❿원산지_한국
⓫생태_다년초

더덕

더덕을 '산삼의 사촌'이라고도 한다. 향과 맛으로 입맛을 회복시켜주고, 식이섬유소와 무기질이 풍부하여 건강에 이롭다. 습기가 있는 숲이나 계곡에서 자란다. 줄기는 길이 2m 정도의 덩굴이 되며, 다른 풀에 휘감긴

다. 꽃에는 보라색 무늬가 들어가 있어 예쁘다. 덩굴을 꺾으면 하얀 유액이 나오며, 특유의 더덕 향이 난다.

❶학명_Codonopsis lanceolata
❷분류군_초롱꽃과
❸자생지_산지의 숲
❹분포_전국
❺개화시기_8~10월
❻꽃색_흰색(바깥), 보라색(안)
❼꽃크기_약 3cm
❽전초외양_덩굴형
❾전초높이_1~2m
❿원산지_한국
⓫생태_다년초

배풍등

가을에 나는 붉은색 동그란 열매가 꽃보
다 눈에 띈다. 열매는 동그란 형태의 액과
이며, 잎이 말라도 가지에 남아 있어 가을
의 정취를 풍기지만 독이 있다. 꽃은 흰색
또는 보라색이며, 꽃잎은 뒤로 젖혀져 있
다. 수술은 5개이며, 꽃밥은 노랗다. 중심
에서 암술의 암술대가 툭 튀어나와 있다.
덩굴성이며 줄기나 잎에 부드러운 털이
밀생하고, 잎자루로 다른 것을 타고 올라
간다.

❶학명_Solanum lyratum
❷분류군_가지과
❸자생지_산지의 숲
❹분포_전국
❺개화시기_8~9월
❻꽃색_흰색
❼꽃크기_약 1cm
❽전초외양_덩굴형
❾전초높이_1~2m
❿원산지_한국
⓫생태_다년초